CHARLES
FERNYHOUGH

[英]
查尔斯·费尼霍
著

吕欣
译

脑海中的声音

自我对话的历史与科学

THE HISTORY AND SCIENCE
OF HOW WE TALK
TO OURSELVES

**THE
VOICES
WITHIN**

U0397769

上海教育出版社
SHANGHAI EDUCATIONAL
PUBLISHING HOUSE

献给吉姆·罗素

"我们不是用文字思考，而是用文字的阴影思考。"

——弗拉基米尔·纳博科夫

目 录
CONTENTS

第 1 章

有趣的芝士片

那是伦敦西部秋季的一天。我乘坐地铁中央线，前去参加一个午餐会。午高峰尚未来临，我设法在车厢里找到了一个座位。座位是两排面对面的，彼此相距很近，可以轻易瞥到对面乘客报纸头版上的内容。列车在两站之间停了下来，于是我们静待广播的通告。一些乘客在读着平装小说、没营养的新闻和那些只在地铁里才会看到有人研究的奇怪技术手册。另一些人则盯着车厢外阴影中的管道发呆，这些管道颜色各异，像脉络般错综复杂地分布在隧道里。现在离霍兰公园大概还有 400 多米。我没有做什么特别的事，实际上，我什么也没做。那一刻我的意识似乎达到了平静。我是一个 40 多岁的正常人，除了睡眠稍多、进食略少之外，精神和身体都很健康。我期待着在诺丁山大快朵颐，尽管这个愿望现在还没有实现。

忽然，我放声大笑起来。几秒钟之前，我还只是个毫不起眼、沉默寡言的乘客，但现在我用大笑声揭开了自己的面具。我常来伦敦出差，但这么多陌生人一起看着我，还是头一回。幸好我头脑足够清醒，意识到自己被围观了，趁私人玩笑变成公开出丑之前止住了笑。让我发笑的内容，甚至我笑出声这个事实，并不是多么有趣。我没有偷听别人的笑话，也不是无意中听到了别人对话中有趣的只言片语。我只做了一件最寻常不过的事情。也可以说，我只是有了一个任何人在地铁上都会有的、再平凡不过的经历：萌生了一个想法。

那天让我发笑的是一个非常平凡的想法。当时并不是思想家攻克重大难题、推动产业革新的时刻，也不是诗人灵感迸发、创作伟大诗篇的时刻。想法有时能创造历史，但大多数情况下却并非如此。地铁在站间停车的片刻，我想到了一个我正在写的短篇故事。这是一个讲述民众与后农业时代冲突的乡村故事，主人公曾经是个农民，我想给他设计一段婚外情。我推敲着他能不能跟一个开邮政车的女人来段外遇，在一辆特殊改装过的福特全顺车里，躲在合起的百叶窗后苟且。在完成了村里每周几个小时的工作后，他们会在周四下午约会。他们会锁上门，关上两用录音机，躺在因为数百次零钱交易而磨损的柜台上。当我在脑中构建这个场景时，眼前浮现出了一个画面：一辆鲜红色邮政车停在乡间的小道上，在所有路人看来，它只是关着门，静静停在那里。忽然，伴随着悬吊弹簧持续的吱吱声，它开始震动，因为车内的身体开始互相摩擦……

想到这里时，我忽然笑了出来。我的脑海中浮现出了那些字眼，它们让我感到好笑。这些字眼对其他人并没有产生这样的效果，因为没人听到这个笑点。但和我一起的其他乘客都知道存在某个笑点。他们没有因为我的私人笑话发笑（因为他们没有听见），但他们也没有因为我笑出声而嘲笑我。他们理解，我和大多数人一样，沉浸在自己的思考中，而且他们也知道，无论是什么样的想法——狂野的或是世俗的，神圣的或是不庄重的——都可能偶然引发笑声。在脑海里对自己说话是一项平常的举动，一般人经历过就会认可这一点。不仅如此，他们还会意识到它的私密性。你的想法是你自己的，不论在脑海中发生什么，对其他人来说都是无法触及的。

我一直对意识的这种属性感到惊奇。我们的体验对我们自己来说不仅是强烈而生动的，也是唯一的。在我笑出声之后的几秒内，我意识到我在尽力发出社交信号来为自己的行为找借口。你不可能在几乎全是人的车厢里面放声大笑而不感到一丁点儿的尴尬。我不想通过咳嗽之类的行为来掩饰，假装什么都没发生，但我仍然打算传递某些信息：我没有疯，我很快就恢复正常了，它的确已经结束了，荒唐的时刻已经过去了。我的表情很复杂，是一种混杂着理解、愧疚和尴尬的微笑。同时我还产生了另一种想法，脑海中一个声音在说："他们不会认为我在嘲笑他们吧？"笑声是具有社会性的信号，但这个笑话却是私人的。我打破了人类交往的规则，所以我需要做出一些声明来澄清这个事实。

我用不着感到困扰。车厢里的其他人都会理解的，除非他们是小孩、火星人或精神病患者。我们非常确信内心体验（inner experience）的私密性，以至于与此相悖的读心术、心灵感应及思想入侵成了荒诞或恐惧的来源。地铁上的陌生人能很快意识到这类思考带来的后果，毕竟，他们自己也有过类似的经历。我再一次深刻意识到想法的私密性，与此同时，我也强烈地感受到了想法对我而言的即时性。我的大脑在那一刻的确是活跃的，不然我不可能在脑海中构建出那辆不停震动的邮政车，但我同样察觉到脑海中的想法的盛会。这是大脑赋予我们的特权：拥有一个在脑海里观看仅仅为自己而做的表演的绝佳位置。

　　脑海里生动的表演让我放声大笑。虽然我们的很多精神活动还没有触及意识层面，但我们还是知晓绝大多数精神活动的存在。当我们思索难题、背诵电话号码或回忆一次浪漫的邂逅时，我们便有了这样那样的体验。脑海中的表演不可能是由认知机制生成的完整或精准的情景，因为我们无法准确地见证大脑的运作，但它造就了连贯性的体验。哲学家总喜欢说，在运转的大脑中总有"某种东西"是有意识的。沉浸在接二连三的想法中是一种特殊的体验，就像你在游泳池里潜水或怀念曾经的恋人。

　　我们的内心体验还有很重要的一点。许多畅销的科学作品总是非常明确地阐述意识是怎么运转的，但它们总是专注于感性和情感的奇妙之处：白色的百合是如何拥有独特的芳香的，一次家庭纠纷的创伤是如何引发如此多喜怒哀乐的情绪的。换句话说，它们总是通过聚焦大脑对外部世界的反应来研究精神体验。当我们讨论思考这件事的时候，必须要解释意识是怎么产生的。我们能够掌控我们的思想，或者说至少我们自己深以为然。思考是动态的，也是我们都会做的事情。想法会自己产生，不需要借助任何外界的指导，就能创造出前所未有的东西。这就是人类的特别之处：实际上，一个人在空房间里不需要借助任何外界刺激，就能让自己发笑或哭泣。

拥有此类体验是一种怎样的感觉呢？让人觉得矛盾的是，思考如此平常，以至于人们都没有过多考虑它的工作原理。精神世界的隐私性也让大众没有关注到思考这项内在体验。我们能分享想法的内容，也就是说，我们能告诉他人我们在想什么，但与人分享想法给我们带来的特殊体验却很难。如果我们能听见别人的想法，我们会觉得别人的想法和自己的很像吗？还是说每个人的想法都有独特的风格，对每个思考者而言，想法伴随着的情绪也是独一无二的？如果那天在地铁上人们能听见我脑海中在想什么会怎么样呢？如果一个会读心术的人能够听见你的想法，他现在能听见什么呢？哲学家路德维希·维特根斯坦（Ludwig Wittgenstein）曾说过："即便狮子会说话，我们也无法理解它。"我觉得类似的理论同样能运用到我们每天的意识流里。即使别人设法听见了我们的想法，他们有可能还是无法理解。

以一种特别的语言运用方式来思考是造成这种现象的原因之一。假设我问你，你用什么语言思考，我推测你可能无法就每一个想法如实回答，但你必须承认这个问题是有意义的。大多数人认同思考拥有语言特点。如果你说两种语言，你甚至可能需要选择用哪种语言思考。尽管如此，还是有很多语言特性并不明显的想法。当你思考的时候，有些信息是不需要和自己沟通的，因为你已经了解它们了。此时语言就失去了用武之地，因为这种信息只有你自己懂。

别人可能读不懂我们的想法的另一个原因在于，语言通常并不是我们思考时唯一进行的动作。在地铁上的那一刻，我在脑海中播放着一首《歌舞青春》里的插曲，同时伴随着其他身体上和情绪上的感受。当我漫无目的地将目光落在窗外隧道里的管道上时，我的大脑正联想着那辆移动邮政车。一些感觉与当时的想法密不可分，另一些则成了背景。也就是说，思考是一种"多媒体体验"。语言在其中发挥着巨大的作用，但绝不是全部。

在本书里，我想探讨在脑海中有这样的经历是什么感受。我想研究陷入构成意识流的回忆、想法和内心独白中是一种什么样的感觉。我们的意识和大脑能做到的并不能全算作这类体验。人类在进行许多高智商的活动时，比如接住板球或者根据星象航海越过太平洋，并不需要意识到如何完成它们。从某种层面上来说，思考仅仅指的是我们有意识（与无意识相对）的大脑做的每件事。但这当然是一个过于宽泛的概念。我不想把那些枯燥的心智计算包含进来，例如计算小石子的数量或者在脑中旋转一个图像，这种计算大多数情况下依赖高度自动化、经过特殊进化的认知子系统。不把这些思维过程包含进来的一个原因是它们开始和结束的节点有明确的界定。一部分思考的魔力在于，它可能是无意义的、循环的，或没什么明确的目标。那天在地铁上，我不知道我的故事要怎么进行。有时，在解决某种类型的智力难题时，思考的确是"目标导向"的。但意识流同样可以漫无目的地流动。思考通常没有一个明显的起点，而且总要求我们在真正认识到它的目的之前就达到目的。

我感兴趣的就是这类思考。它是有意识的，也就是说我们知道我们思考的内容，但同样拥有哲学家所说的现象性：总有某种东西是这样的。思考具有语言性，而且据我们所知，思考和语言比最初看上去联系得更紧密。思考涉及意象及许多其他感官和情绪元素，但这仅仅是思考的部分内容。思考（语言形式或非语言形式）也具有私密性：在坚信思考对他人而言不可知的背景下，我们才会去思考。思考往往是连贯的：不论通过多么偶然的方式，它们会融入与之前的想法有联系的思维链中。最后，思考是活跃的。思考乃我们所为，我们通常也把思考当作自己的产物。

我不是第一个对语言在思维过程中所起的作用感兴趣的人。关于语言是否在思考中必不可少，哲学家已经争论了几个世纪（虽然他们所指的"思考"的准确含义通常比较模糊），动物行为研究者做了独创的实验来研究动物能进行什么样的思考，其中包括它们是否能学习语言。所有这些研究成果都与我的研究相关，但我的方法有些不同。我想从一个简单的事实着手：当我们回想自身的经历，或者当我们要求他人告知他们脑海中在想什么时，我们发现脑袋被语言充斥着。这并不意味着每个人都会汇报这种语言性思考：一些人不会汇报的事实需要得到解释。用恰当的方法提出这个问题，确实能为语言和思考的关系提供大量信息。

如果我们会读心术，仅仅依靠简单地听取周围人的思想就能完成这项任务。但实际上，精神世界是具有私密性的，所以我们需要采用另外一种方式。我们能做的一件事情就是利用人们交流思想的不同方式来了解，人们在谈话、写信、写博客、发推特、发短信来表达他们正经历的事情时，脑袋里在想些什么。我们可以研究作家如何描写内心体验，以及心理学家如何记录人们对内心体验的描述。我们能从精神系统学中得到帮助，它让我们从扫描仪的视角来研究想法是如何在大脑中产生的。我们能着眼于想法在童年是怎么形成的，以及想法出错时会发生什么。即便如此，我的出发点更贴近现实。我并没有试着描绘任何陌生或不熟悉的事，比如描绘家里宠物的意识或者当新生儿是什么滋味。我知道脑海中有这些想法是种什么感觉，我仅仅需要找到一种方法把它变成语言。

你在一号航站楼得到了有趣的芝士片。

这不是我有过的最重大的想法。我随机挑中了它，它并不能算作可以改变人生的智慧，而是作为这天早上意识流的一个例子。当我醒来的时候，它出现在我的脑海中，但我并没有意识到就在不久前我还在梦中，以及这个声音与任何事有什么关联。你在一号航站楼得到了有趣的芝士片。这就是全部。我仍然不知道它指的是哪个机场，或者芝士与什么事情有关。但我知道这个想法就这么产生了，就像一些脑海中的小声音一样，对我来说是真实存在的。我声称我不知道这个声音从哪里来，其实我大概知道，它就源于我自己。作为一个理智的心理学家，可以说它是那些习惯性飞入我脑海中的句子之一，它仅仅是丰富的精神世界中的一小部分，正是这丰富的精神世界让意识保持流动。

克莱尔的脑海中也会忽然出现句子。她脑海中的声音不大，一直持续着，经常说些"你就是一坨屎""你将永远一事无成"这类话。克莱尔患有抑郁症。她正接受认知行为治疗来解决这些侵入式的、不受欢迎的言语思维：通过记录并用科学的方法检测这些想法，以此来削弱它们，最终（期望）能够彻底消灭它们。

杰伊的脑海中同样会出现一些声音。但这些声音与克莱尔的不同。大多数时间它们听起来的确像一个人正在对他说话。它们有口音、高低音及语调。它们有时说完整的句子，有时则断断续续。它们评论杰伊的行为，命令他做些无害的事情，比如去商店买些牛奶。其他时候，那些声音就比较难界定了。杰伊告诉我他知道有个声音在他脑子里，即使它并没有发声；这些时候出现在他脑海中的与其说是声音，倒不如说是一种存在。不会发声的声音是什么？几年前杰伊被诊断出了精神疾病，现在大家都知道他已经痊愈了。一些人认为他患有退化性脑部疾病，但他康复了。他现在仍能听见那些声音，但对它们有不同的感觉。他与声音共存，而不是惧怕它们。

一位生动地写下自身经历的听声者，也对她听到的脑海中的声音产生了新的认识。在一个截至撰写本书时浏览量超过 300 万次的 TED 演讲视频中，埃莉诺·朗登（Eleanor Longden）描绘了自己脑中的声音如何变得极具攻击性，以至于她都打算在脑袋上打个洞让这些声音出来。几年来，和杰伊一样，埃莉诺与她脑海中声音的关系发生了根本性的改变。虽然它们仍时常困扰着她，但她现在把它们看作"心灵内战"的残留物，这场内战来源于不断重复的童年创伤。在适当的帮助下，许多人似乎都能改变自己与脑海中声音的关系，并学会与它们和平共处。那些认为脑中的声音通常是精神疾病前兆的假想具有局限性和危害性，这就是与具有负面含义的"幻听"一词相比，我更倾向于使用更为中性的词语"听声"的原因。

如果杰伊和埃莉诺的经历的确与我脑中的声音不同，那么此二者的差异又有多大呢？我脑中的"声音"经常是有口音和声调的，它们具有私密性，只有我能听见，然而它们听起来总像真人在说话。在某种层面上，我意识到脑海中的声音是我自己的，而杰伊脑中的声音对他来说似乎是陌生的。他说他通常能够分辨出哪些像是他自己创造出来的想法，哪些似乎是来自其他地方的体验。其他时候，这个界限就比较模糊了。另一位听声者亚当，脑海中主要的声音具有非常独特的、权威性的人格特点（因此亚当管它叫"首领"），他告诉我，即使如此，他有时还是分不清那是他自己的想法还是他脑海中的声音。听声者们向我描绘他们不寻常的体验是怎么发生的，就像调到一条本来就在那里的声道，它们代表了意识中的背景噪声，人们出于某种原因突然开始注意到它们。

听声者把他们的体验归于外在的原因之一是，这些声音总会说一些听声者感觉自己永远不可能去说的话。一个女人告诉我，她脑海中的声音经常说一些让她自己感到可怕和恶心的事情，她觉得这些事情不可能是她能想到的。但声音也能起到相反的作用。我曾看见听声者们因为他们脑海中的声音讲的悄悄话而放声大笑。另一位听声者向我解释，她是如何得知脑海中爱说俏皮话的访客不是"她自己"的："这不可能是我。我永远不可能想出那么有趣的事。"

我们更好地去理解这些体验至关重要。我的言语思维和听声者脑海中的声音可能是截然不同的体验，或者它们也许拥有类似的重要特征。在某些层面上，它们可能是同一回事。就像人类在科学中的经验一样，事情往往比最初看上去的复杂得多。我们不预设一种声音比另一种低级，这很重要；实际上，我们应该避免事物之间存在高低级之分的想法。这些体验发生在人们身上，而人和人各不相同（比如，我不能认为我的内心独白与你的有丝毫相似之处）。在本书里，我对脑海中所有的声音都感兴趣：善意的、指导性的、鼓励的、命令的声音，说教与回忆的声音，以及周围没有人却能听到别人说话的人脑海中有时糟糕有时仁慈的声音。

在 20 世纪 90 年代，我作为一名研究生第一次思考这个话题时，它看上去并不是一个好的研究课题。前辈们大概会告诫我，研究像脑海中的声音这样秘密和难以言喻的论题将永远不会收获研究事业的成功。最初，研究看起来依赖于几乎不可能完成的内省任务（反思自己的思维过程），而内省早就不是受青睐的科学方法了。另一个问题在于"脑海中的声音"经常被模糊地、以比喻的方式使用，它被用来指代从直觉到创意本能等各种东西，没有人努力尝试通过所需的合理研究来定义它。即使如此，挖掘其根源仍然很有必要，而近几年来科学的版图也发生了重大变化。在这种研究中体现出来的一点是，我们脑海中发声的话语在我们的思考中起了重大作用。心理学家将证明，被他们称为"内部言语"（inner speech）的东西，能够帮助我们规范、激励、评估行为，甚至让我们对自己的认知更加深入。神经系统学家将展示，脑海中的声音如何利用构成外部言语的神经系统，来契合声音如何产生的重要观念。我们现在知道内部言语有不同形式，以不同的语言发声，带着口音和情绪语调，而且我们用来纠正内部言语的一些方法和纠正外部言语里的错误的方法相同。许多人的确是用语言思考的，而且这类思考的形式有好有坏。如果消极的思想长期存在于内部言语中，人会因精神紊乱造成痛苦，但这些消极的思想可能也是减轻痛苦的关键。

在科学实验室之外，人类最早开始思考自己的想法时，有关内部言语的问题就成了吸引人们注意的源头。关于思考，能说的一点是，在我们看来，思考是一种不同声音之间的对话，而每种声音代表了不同的观点。但这些声音听起来像什么？它们用何种语言说话？你是用语法完整的句子来思考，还是用更类似于笔记形式的短语来思考？你的想法总是温柔地说话，还是会提高音量？而且，当想法自己说话的时候，谁在听呢？"你"自身在这些过程里面处于什么位置？这些问题可能听上去奇怪，但思考的这些属性会阐明我们的想法是什么样的。

脑海中的想法是一种声音，如果我们认真对待这一观点（对我们的内省来说十分具有说服力），那么所有这些困惑都可能得到解释。我希望探究这个观点，并且最大限度地验证它。无论如何，这个被我称为"对话式思维模型"（dialogic thinking model）的方法，给我的心理学学术成果提供了大部分信息，而且它也会成为本书的重点。它产生于一个童年早期思想形成的特殊理论，心理学和神经系统学对正常和异常认知的研究结果也支持它。然而，无论这个模型获得了多么强有力的验证，我们内心体验的许多方面显然还是非语言性的。我将探索这个假设是否能被扩展并用以解释那些没有语言来思考的人如何思考的问题，正如许多内心体验的依据都是基于视觉性和意象的。

很幸运的是，我有大量的证据可以利用。脑海中声音神秘性的某些方面已经被关注了数百年，甚至上千年。思维如何描述认识？哲学家们苦苦思索这一难题，并就思考是否会出现在自然语言中之类的论题做原则之争。心理学家们给参与者安排了推理任务，为进一步分析，会要求他们将思考过程大声说出来。神经系统学家通过记录静默思考者发音肌的电流信号，或通过刺激大脑来研究语言过程是怎么被影响的，来记录内部言语。几个世纪以来，作家的小说和诗篇里充满了语言性的思考，他们对意识流、思路、大脑的运动的描述，为我们脑海中声音的工作原理提供了无可比拟的证据来源。

在接下来的章节中，我将利用所有这些证据来源。我们将接触到幼儿、老人、运动员、小说家、冥想者、视觉艺术家和听声者。幼儿真的不用语言思考吗？一些精神病人张嘴时，他们幻听的声音真的会消失吗？心里想着一件事，但同时嘴里却说出完全相反的话，这可能吗？当圣女贞德听见一个"温柔、甜美而低微的声音"告诫她去解奥尔良之围，在她的内心、大脑和身体都发生了些什么呢？内部言语产生的速度比正常说话的语速要快，但看上去以内部言语进行思考的人丝毫没有感觉匆忙，这是如何做到的？为什么有些听声者会说那么有趣的事情呢？我将研究文学和其他艺术作品是如何与科学研究揭示的事实保持一致的，以及这种"客观"的方法是如何与内省获得的证据做比较的。我将去做功能性磁共振成像（functional magnetic resonance imaging）扫描来研究我的大脑如何在它的魔法织布机上编织出思想。我将试着描绘脑海中的声音一闪而过的瞬间，并且记录下声音有力的轨迹。我也将详述不同听声者的故事，试着去捕捉这个体验的感受如何，它是如何被管理的，以及它如何揭示自身的本质。

读完本书后，我希望能说服你几件事情。与自己对话虽然绝不普通，却是人类体验的一部分，它似乎在我们的精神世界里起到了不同的作用。根据一个重要的理论，我们脑海中的语言作为心理"工具"来帮助我们完成思考，就像工匠的工具使完成任务成为可能，如果没有工具，任务将难以达成。我们的内部言语可以计划、指导、鼓励、质疑、诱导、禁止以及做出反应。无论是板球运动员还是诗人，人们出于各种各样的目的，采用多种方式与自己对话。

这样看来，内心体验有许多形式是合乎道理的。有时，内部言语似乎就像大声说出的语言，其他时候，它更像被加密和压缩了，是我们说话的简略版本。研究人员最近才刚开始重视，内部言语有不同的形式，形式不同，所对应的功能可能就不同，而且不同的内部言语在大脑中有不同的基础。

我们回看内部言语在童年期的形成方式时，它千差万别的形式和作用就显得更加合理了。我们有充分的理由认为，当孩子与他人的对话"转入地下",或被内化时,内部言语就进化了,发展成为这些外部交流的无声版本。这意味着,我们用语言进行的思考与我们和他人进行的对话有一些共同特征,而这些特征也会受文化的互动风格和社会标准的影响。西班牙哲学家、小说家米盖尔·德·乌纳穆诺(Miguel de Unamuno)写道:"思考就是与自己对话。幸亏我们可以与他人对话,与自己对话才得以实现。"我会试图说服你,如果我们意识到神秘的内部言语拥有对话的特性,它就变得更好理解了。

内部言语的社会起源同样有助于我们理解人类意识中熟悉的复调。把内部言语当作一种对话,可以解释大脑为何能承受众多不同的声音,就像一本小说里有观点迥异的不同角色的声音。我认为这一见解帮助我们理解了人类意识的一些重要特征,包括对其他观点保持开放的态度——这大概是创造力的特征之一。我将参考语言和视觉艺术家的作品来探寻:创新的一个重要方法是否是与自己对话。

我也想说服你,这个内部言语的观点有助于我们理解,在人类历程中占重要作用的更不寻常的声音。听见"声音"(或幻听)时常与精神分裂症联系在一起,但许多其他神经疾病患者和不少精神正常的健康人也会出现这个症状。许多精神病学家和心理学家认为这是因为内部言语出现异常,患者会把自己的内心独白误认为是其他人的语言。如今的研究存在一个问题,它没有给予内部言语足够的重视。如果我们开始对脑海中寻常的声音形成一个更准确的理解,我们可能会更好地解释为什么有些人在周围没人的时候会听见"声音"。

　　然而，倘若认识不到内部言语具有多种不同形式，就不太可能对这个体验有一个合理而科学的理解。从中世纪神话到文学作品的创作，几个世纪以来，人类都在描绘听声的体验。我们需要把所有相关记载放在它们出现的生活环境、时代和文化中去检验。为了理解听声，同样需要我们解释听声与早年不幸遭遇的高度关联以及听声与不幸遭遇的回忆之间的密切关系。我将和一些听声者交流，这些人认为，脑海中的声音应该被理解为他们过去未解的情感冲突传递过来的信号，而不是困惑的大脑发表的没有意义的声明。我们关于如何界定社会关系、如何理解正常的内部言语的理论，引起了研究者的巨大的反响，他们现在开始将听声理解为一种被另一实体带入了交流状态的情况。

　　当然，脑海中的声音的这个观点并不是全无问题，但它为未来研究的蓄势待发创造了可能。内部言语观点面临的挑战之一是，一些人声称他们完全没有内部言语。在这种情况下，思考是怎么进行的呢？思考在被语言影响之前，是如何开始的呢？语言是怎么与意象一起，创造出生动、多重感觉的思维画面的呢？看上去，我们脑海中的语言既产生了积极影响，也产生了消极影响，一股力量使语言和思想融合为一体，形成意识，而有关内部言语进化的研究为这股力量指明了方向，其言外之意对我们所有人而言意义重大。我们是否可以齐心协力改进和控制与自己对话的方式，使精神疾病有一天退出历史舞台呢？作为一个物种，我们能否自我进化，不再有侵入式的思想，不再不理性，不再不专注呢？也许，那时候创造力也成了过去式。不过，有一件事是确定的，那就是更好地理解我们脑海中的声音能够让我们更充分地理解大脑如何运作，理解如何更有效地与脑海中的声音和平相处，这声音有时开心，有时烦躁，但总是灵活而富有创造力。

第 2 章

打开煤气灯

　　闭上眼睛然后想件事情。想什么并不重要：主题可以是深刻的，也可以是平凡的。持续思考这个想法，细细品味它，让它在你脑中回放。现在问自己一个问题：思考这个想法是怎样的感觉？我们知道特定种类的精神活动是什么样的：比如做梦或者用心算求和。但什么样的活动算是思考呢？它属于哪种类型呢？做这件既普通又意义非凡的事情是种什么感觉呢？

　　首先，我并不认为你在短时间内填满自己的脑袋有任何难度。（如果我让你清空大脑将会困难许多。）思考是我们一直在做的事情，而不只是在我们做决定或者解决问题时才做。甚至，你的大脑表面上是在休息，但你的意识绝非静止。心理学家的研究证实了自我反思所表明的情形：我们清醒的大多数时候，内心总伴随着当下的想法和感觉，它们指导着我们的行为，创建记忆并且形成了我们体验的中枢。

　　现在，就你刚才的想法多问自己几个问题。它听上去像是一个人在说话吗？如果是的话，这个人是"你"吗？它感觉像什么人，还是只是活跃的大脑的产物，没有任何出众的特质来甄别它？如果这个想法再次出现，你认得出来吗？你怎么知道这个想法就是你自己的呢？

我认为所有这些问题都有意义，但它们也都非常难以回答。我们对自身的想法有独一无二的直接体验，但仅仅是对自己的想法如此。这让研究它们变得非常困难。具体来说，对自己的内在体验做出的评估是否可靠，这是很难验证的，因为你无法将自己的评估与任何其他人的做比较。有观点认为，许多人的内心体验包含大量语言，在上一章里，我对这种观点产生的原因做了阐述。但真的是这样吗？我们如何去回答这个问题是不是"真的"：一旦谈到我们的内在世界，这些问题到底意味着什么呢？我们如何去研究我们脑海中的内容呢？

显而易见的办法是，试着利用我们对自身经历的直接体验。柏拉图在《泰阿泰德篇》（*Theatetus*）中提及，哲学家苏格拉底曾问道："我们难道不应该冷静、耐心地审视自己的想法，并且彻底检验我们内在的这些表现到底是什么吗？"法国哲学家笛卡尔认为这个观点毫无问题。他穿着冬天的睡衣坐在火炉旁，观察自身的思维过程并且认为思考的存在是他唯一无法质疑的事情。我思故我在。回想自身的精神状态是笛卡尔方法的"第一定律"。美国哲学家、心理学家威廉·詹姆斯（William James）于 1890 年写道，虽然意识的存在是毋庸置疑的，我们从自身观察它们却"困难且易出错"。但这类观察依然是可能的，它理论上与任何其他描绘这个世界的方法并无不同。如果采用足够谨慎的方法，人们能够被训练得更好地去观察。

德国心理学家威廉·冯特（Wilhelm Wundt）的作品把内省搬出了哲学的范畴，带进了科学实验室。第一座科学心理学实验室于 1879 年在莱比锡大学创建，冯特也被誉为世界上第一本心理学教科书的作者。在其对内心体验的思考中，冯特区分了两种不同种类的内省。一种被他称为"自我观察法"：对自身思考过程的随意检验，任何有思维的人都能做到。你不需要成为笛卡尔，就能坐在火炉旁边，思考自己的想法。问题在于，这算是好的科学方法吗？冯特提出，更加正式的"内在感知"则非常不同。如果可以的话，这种科学手段需要观察者尽可能地置身于观察过程之外。这就是冯特心里所想的第二种方法，它需要艰难地将观察者和被观察物分开。冯特内在感知的方法，的确需要与自己的思想保持一个客观的距离。光看方法本身，内在感知并非相当好的科学手段；然而，如果参与者可以接受全面的训练，它或许会变成不错的方法。

冯特的确训练了他的参与者。有关内省的批判有时给人的印象是，莱比锡内省对个人的思维过程的反映非常随意（笛卡尔的方法）。可是，冯特的内省者受到了专业的训练。据报道，为了给发表的研究提供数据，冯特实验室的成员需要演练不少于一万次的内省"反应"。在威廉·詹姆斯的分析中，内省与任何其他种类的观察并无二致：它可以被完成得好或者不好。所以参与者必须擅长它。仅仅有这项经历并不足以保证你有任何观察或描绘它们的技巧；反之，如詹姆斯说的那样，婴儿也可以成为极佳的内省者。

冯特的努力为研究内心体验创建了新的方法，这种方法最终跨越大西洋传播到了美国。在冯特的追随者如爱德华·铁钦纳（Edward Titchener）那里，内省的方法变得范围更窄、更机械化，它的缺陷，特别是它对无法验证的自我观察的依赖，也变得越发明显。20 世纪中期，英美的心理学还在行为心理学家约翰·布鲁德斯·华生（John Broadus Waston）和伯尔赫斯·弗雷德里克·斯金纳（Burrhus Frederic Skinner）的统治之下，那时的心理学宣称，只有测量可观察的行为，才能保证它是一门研究精神世界的严密科学。内省法似乎退出了历史。威廉·詹姆斯认为，内省法的问题在于，它在某种程度上仅仅是回想，而不是体验本身，而众所周知，回忆是易出错的。总而言之，人们越来越意识到，体验如果不因为观察行为有所改变的话，是不可能被描述出来的。用詹姆斯让人印象深刻的话来说，试着反省自己的想法，就像"飞快地打开煤气灯，来看看黑暗的真面目"。

对于很多人来说，给内省法致命一击的是开始于 20 世纪 50 年代并在之后的 20 年里快速发展的认知革命。1977 年，理查德·尼斯贝特（Richard Nisbett）和蒂莫西·威尔逊（Timothy Wilson）回顾了人们关于更高级的认知过程的报告准确性的证据。他们重温了一个实验，把有睡眠障碍的人作为研究对象。一些参与者得到了"唤醒"药片，人们被告知这种药片会导致失眠者的身体和情绪症状，但它其实没有任何生理上的效果。另一组参与者被告知他们的药片（同样没有生理效果）能让他们放松。在这两种情况下，药片本身不具有任何影响成分，但志愿者对它们的效果的期望却因为实验控制而截然不同。

随后，研究者们观察每一组参与者是如何处理他们的失眠问题的。正如预期那样，那些被告知药片能让他们保持清醒的参与者比往常入睡得更快，这表明他们把自己越发清醒的状态归结于药片的效果，而不是自己的失眠问题；而被告知药片具有放松功效的那组，却观察到了相反的模式。实际上，后一组人需要更长时间才能入睡，也许是因为他们期望能感觉到放松，但结果没有感觉到任何效果，这导致他们以为自己比以往情况更糟糕。然而，试验结束后询问这些参与者，他们却很少深入谈论药片的心理效用，反而把他们睡眠模式的改变归结于外在的因素，比如他们在考试中的表现或者和女朋友的矛盾。尼斯贝特和威尔逊得出结论，要求参与实验的人解释他们的认知过程是毫无道理的。对所有辛苦的内省观察者来说，我们对自己大脑究竟如何工作的了解少得惊人。

这是柏林 7 月闷热的一天，劳拉正在考虑她是否要再喝一瓶啤酒。

"我放下空瓶子，脑中在想，我要不要再来一瓶？我非常肯定我想了这些。这就是'哔'声响起时我在想的东西。"

劳拉是一位来自洛杉矶的年轻美籍华人，在柏林进行为期一年的学习。她参与的实验要求她随身携带一个小设备（大约有录音带那么大），并把它别在衣服上。这个设备会随机启动，并通过耳机发出"哔"声——这是她收到的信号，提醒她留意"哔"声响起前的任何想法。然后她应该用最适合她的方法快速地记下笔记，把她那一刻的想法记在为实验准备的便签本上。6 次"哔"声响起后她都做了笔记，记下了 6 个瞬间的想法，随后她把耳机拿下来放在一边。第二天她来到实验室，针对这六个瞬间接受具体访谈。啤酒事件是她参与实验第一天的第三次"哔"声响起时发生的。针对这些意识的瞬间对她进行访谈的人是罗素·赫尔伯特（Russell Hurlburt），即这个方法的发明者。

"准确的用词是什么？"罗素问她。

"我不能百分之百确认那些是准确的字眼，因为我没有完全准确地写下来……在那个时候我想起了喝冰啤酒的感觉，以及我有多享受，然后我在考虑，我要不要再来一瓶？"

"所以你回想起了喝啤酒的感受？"

"是的，而且我想，我是不是要再来一次这样的体验？"

"你是想要更多啤酒，"罗素问道，"还是回忆起之前享用了一瓶冰爽的啤酒？"

"我认为一定都有，因为我问了自己这个问题，为了回答我开始回想。"

劳拉回忆不起来那一刻她脑海里准确的用词是怎样的。罗素说，以后她应该快速记下那些字眼，因为字眼的准确性非常关键。如果我们对如何在脑海中与自己对话感兴趣（也对所有脑海中进行的其他事情感兴趣），确切的用词将会非常关键。

"那些字眼是通过一个声音来表达的吗？"罗素继续问道，"你读到了它们，还是看到了它们，还是……？"

"是的，它们是通过声音表达，而且是我自己的声音。"

"好的。那些声音是像你自己说出来的，还是像你听到的，还是……？"

"呃，我觉得像是我在说话？但是在对自己说话，就像别人问了我一个问题一样。问题是，当我回答这些问题时，我担心因为自己过多地回想这些瞬间，它们会发生变化，你能理解吗？"

罗素是正在重新思考内省法的科学家之一。他 60 来岁，个子高高的，头发花白，戴着眼镜。他最初是一家核武器制造公司的工程师。他真正想做的其实是演奏小号。越南战争的时候，罗素收到了一份征兵草案，他发现自己名字出现在了候选名单上，所以他主动加入华盛顿的军队乐团。在那里，他作为小号演奏家的才华得以展现，这对他的事业间接产生了重大影响。最后他承担吹号的工作，在军事葬礼中演奏军仪曲（类似于英国军队的"军人葬礼号"）。他的工作是在阿灵顿国家公墓旁边等待葬礼的到来，枪声响起后，在可怜的越战遇难者的棺材旁吹号。随后他小心翼翼地撤回停在附近的树旁的车里，穿着整套军装，等待也许是两个小时后的下一场葬礼。这使得他有大量可自由支配的时间，利用这个时间他把从阿灵顿镇图书馆借来的书填满了他的车。他阅读了工程师通常少有机会去读的书：文学、诗歌、历史，特别是心理学。在短短几个月的时间内，他如饥似渴地读完了整个图书馆有关心理学的书籍。

"我发现每本心理学的书都以'我将告诉你一些关于人类的有趣事情'开头，等到我读完了整本书，我会说，'好吧，我并没有了解到任何我认为有趣的事；我了解了理论，但我仍然不了解关于人的任何事'。"罗素想要的是可以了解人们日常体验的书。"我想，如果能随机地把这些内在体验作为样本，那就好了……我开着卡车，穿越沙漠或某个城市的平原，然后我说：'我知道怎样造一个蜂鸣器。'我前往我读研的母校南达科他大学，主任问我：'你想做什么，罗素？'我说：'我想随机地把想法作为样本，我在来这儿的途中，在卡车里想到了如何实现它。'"

研究生院的导师被这个想法打动，但他觉得蜂鸣器似乎在技术上无法实现。所以他提出了一个条件：如果罗素能够造出蜂鸣器，他就不再要求罗素必须获得心理学硕士学位（他已有工程学的硕士学位），而允许他直接攻读心理学博士。1973 年的秋天，罗素造出了蜂鸣器，赢得了这场赌局，开始尝试利用他的新技术挖掘参与者的想法。最初，他通过简短的问卷调查和复杂的统计分析来理清堆积如山的数据。最终他意识到，他的方法并没有比之前他所批判的研究者更有趣地剖析大脑或人类，所以他开始更注重报告的定性方面：他的参与者们对他们思维过程的描述，以及什么使想法对人们来说具有个体性和独特性。

在过去的将近 40 年中，罗素一直是内华达大学拉斯维加斯分校教师中的一员。在整个职业生涯中，他都致力于完善和测试这个被他称为描述性经验取样（Descriptive Experience Sampling，DES）的检测内心体验的方法。最初到内华达大学拉斯维加斯分校时，为了研究怎样运用 DES 蜂鸣器，他携带了它整整一年。由于蜂鸣器的耳机非常显眼，学校的同事以为他双耳失聪，虽然很多人不好意思询问此事。时至今日，学校中的一些人仍然会在他面前提高音量说话。

对劳拉来说，今天仅仅是这个过程的开始。她第一天肯定不擅长描绘实验中的瞬间想法，因为没有人在第一天就做得很好。实际上，罗素认为，人们第一天的报告通常都很糟糕，以至于那些报告不可避免地被丢弃。但劳拉会进步。罗素称，DES 是一个互动的过程：它训练回答者和提问者来描述"越来越真实独特的内心体验"。没有训练，不从自己的错误中学习，你不可能实现这种描述。罗素表示，人们总是更擅长隐藏他们的内在体验，而不是准确地描绘它们。

他还提出，DES 规避了困扰内省法的许多问题。最初，罗素并不打算做一个研究者，只是想在现象发生时去挖掘它们，不论它们是什么。他没有在进行 DES 访谈的时候用理论包装它，也没有预设感兴趣的领域，即使的确有某些特定种类的体验反复出现：视觉的意象、身体的感知及内部言语。罗素把内部言语称为"内心独白"，以此强调它活跃的特征。但他并没有像我一样对内部言语特别感兴趣，这一事实可能也是让我成为这个方法并不那么理想的实践者的原因。

总而言之，DES 受到一种哲学方法——现象学的启发。从字面意思来看，现象学指的是研究事情是如何出现的科学，有趣的悖论是，它也是 20 世纪哲学中让内省理论之舟沉没的力量之一。当罗素开始对他从蜂鸣器里获取的定量结果不满时，他投身于胡塞尔和海德格尔的理论中，自学德语以便更贴近原意地研究他们的著作。对于罗素来说，从现象学里学到的最重要的一课是排除预设：一种把你认为事情会怎么发生的预想放在一边，然后去观察它们实际上是怎样的能力。如果你想研究人的脑中在想什么，你就不能在研究开始之前做好假设。当你对如内部言语那样特定的现象感兴趣时，这一点尤其重要。如果你一开始就假设人们总是与自己对话，你的数据就可能反映出你的预设。

在他这些年的研究中，罗素并不认为 DES 是完美无缺的方法。一方面，DES 报告总是经过回忆过滤——威廉·詹姆斯早在 1980 年就预见到了这个问题——并在事件发生后，重建当时的意识。这也是罗素对劳拉关于啤酒想法的具体细节如此感兴趣的部分原因。她已经察觉了自己并不确定准确的想法是什么，她努力回忆这个体验的过程似乎让怀疑乘虚而入。罗素称这是正常的。"我们将尽可能做好。"他安慰劳拉，"我们不期望你能做到精准无误，因为我们觉得那不可能。我们希望尽力去做好它。"

我询问劳拉构成想法的具体字眼。是我要再来一瓶啤酒，还是我要再来一瓶？"我会说，一瓶。"劳拉说，"绝对是一瓶。"这些是在未来几周里我们会仔细盘问的具体内容。劳拉下定决心，在蜂鸣器响起的瞬间多做些笔记，并且更详尽地记录她要描述的意识瞬间。作为第一次参加这个研究的参与者，劳拉聪明、努力，渴望尝试，并尽力使之奏效。一旦参与了就不能随心所欲、心不在焉地对待，这是件苦力活。对劳拉来说，被要求描述的瞬间稍纵即逝，这些瞬间远不是她平常会去关注的重点，所以谈论它们很难。"你做梦梦到了什么，当你醒来的时候立刻就忘了，你知道是怎么回事吗？这就是类似的情况。"罗素鼓励她坚持下去，后面会更容易。它永远不可能是准确无误的，但可以达到科学能实现的最大限度的准确性。

那晚，我回到宾馆，整理采访笔记。一场暴雨正向达勒姆袭来，而我们做研究的地方——德国马克斯·普朗克进化人类学研究所——就坐落在这个草木葱茏的郊区。除了小说创作之外，我从未花如此多的时间专门研究其他人内心体验的具体细节。我把笔记通过邮件发给罗素，他很快给了回复，指出了我犯的错误，并指明我对劳拉的体验的预期已经影响了我对它的正常汇报。排除预设立场是至关重要的。你必须学习如何对自己的体验做出详尽的报告以及如何处理他人表述的那些体验。

这看起来工作量很大，也存在很高的风险。对于内省法的批判并没有消失。行为学家可能会说，窥视大脑很容易出错，也太不科学，我们应该绕过所有的思想和感觉，来讨论我们能够"客观"观察的事件。内省者可能会回应，不关注主观体验的大脑科学是空洞而无意义的，远远没有达到科学应该实现的目的。

随着揭开大脑面纱的新技术的出现，这个问题似乎变得更尖锐了。认知精神科学领域结合了心理学方法和研究精神系统的技术（通过扫描、电流刺激或对大脑损伤的研究），开始在很多方面履行诺言，如它为精神世界和大脑提供统一解释的诺言。但我们仍然需要知道脑中在发生什么。海马效应 * 发生时人们的视觉皮层或杏仁体

---

* 海马效应，亦称既视感、既视现象，指人在清醒的状态下，虽然是第一次见到某个场景，但是却感到在什么地方见过或经历过这个情境。——编者注

是感觉不到被激活的：他们体验到的是视觉形象和充满感情的回忆。如果我们想要有一门完整的大脑科学，就需要一种接近这些体验的方法。我们需要 DES 或者类似的方法。

另外，事实证明，尼斯贝特和威尔逊对内省的批判没有达到其目的。回顾他们 1977 年发表的论文，其中列举了不少人们不能可靠地报告为什么他们会做某些决定的例子。人们可能的确很不擅长报告他们行为产生的原因，但这并不意味着他们不擅长报告他们自身的体验。事实上，回顾已经存在的研究，尼斯贝特和威尔逊为未来的方法留有空间，未来也许可以采用足够谨慎的方法来收集内心体验数据。他们写道："没有充分的研究表明这一观点：人们将永远不可能准确地描述思维涉及的过程。"如果我们能运用一种方法来强调某一瞬间的体验而不去干扰它，确保参与者足够关注那个时刻他们脑海中的想法，并帮助他们更好地表述那种体验，我们也许就能得出某种结论。于罗素而言，这就是对 DES 非常好的描述。

然而，这个方法不是全无缺点的。认知科学家认为，DES 难以操作并且耗时费力，单独从一位 DES 参与者身上归纳出有意义的心理学理论是不可能的。哲学家认为，罗素对他的能力太过自信，他摒弃对体验本身的预设和质疑，而不去改变他期望描述的过程的能力。罗素回应道，认真对待他的方法意味着承认我们在判断脑海中在发生什么的时候经常犯错。与传统的心理学研究者痴迷于验证方法的有效性相反，罗素把他的方法看作创建了挖掘参与者内部世界独特性的共享语言，而没有把人们多样化的体验强行塞到已经存在的类别中。"这就像侦察员和战士，"他告诉我说，"侦察员告诉你去哪里，战士就必须去哪里。如果你想赢得战争，你就必须两者兼有。现在心理学学说里并没有很多好的侦察员。"

我自己的感觉是，DES 是一种有价值的方法，需要和其他各有优劣的手段结合。（实际上，我们准备在柏林进行 DES 方法与精神影像技术的第一次结合。几天后，劳拉将会为此目的而进入扫描仪。）后面的章节将会提到，我们已经通过许多不同的手段来研究脑海中的声音，有些像 DES 一样直接，其他的就不那么直接了。我也怀疑 DES 可能低估了正在进行的内部言语的数量，一部分是因为它要求参与者精确地报告脑海中语言的用词，另一部分是因为文化预设会提前假设内部言语可能的样子。

在柏林期间，我得到了一些自己主导访谈的机会，我努力突破对被访谈人体验的预设，有时候我会成功。为撰写本书采访罗素时，我对自己的措辞格外谨慎。所有对人类体验准确细节的关注，对 DES 的发明者产生了什么样的影响呢？除了持续佩戴蜂鸣器的那一年，他不再亲自参与实验，他担心自己的体验可能会影响到在他人身上的发现。在其他方面，这个被发明了 40 余年的方法已经触及他生活的大多数方面。他开创了一种周密的、可得到反馈的、严谨的、非批判性的与人交流的方式。究竟这种交流方式是他这些年研究 DES 的结果，还是 DES 反映了方法创造者的这些特质，罗素并不清楚。他是一位值得效仿的倾听者和极为谨慎的提问者。"排除预设的做法深深扎根在我的体内，"他告诉我，"这个方法和我密不可分。"

DES 对参与者会有些什么影响呢？如此近距离地关注他人的体验细节，注定会改变你对人类精神生活中丰富多彩的演出的看法。作为一个受过训练的 DES 研究者，我迄今花了大量时间听人们详尽无遗地描述他们的想法和感受，并从中获得了阅读小说般的愉悦感。小说家和短篇小说的作者乐于在纸上再现一种意识。当你看到一位伟大作家记录某个人体验的细节的时候，那同样是意识的显现。

对于那些汇报体验的人来说，影响甚至更加深远。DES 能提供一些令人吃惊的示范，它可能会推翻你对自身体验的预想。另一位参与者露丝虽然觉得这个过程让人疲惫，但她说参与 DES 研究让她更加清楚地认知当下，也让她对自己精神世界的状况有了更多线索。回想蜂鸣器响起的瞬间，她比自己认为的更加快乐，而且她对简单的事情感到快乐的程度是她之前没有意识到的，比如她花园里两只熟悉的知更鸟的动作就让她感到非常愉悦。罗素观察了将近 40 年他的方法对人的影响："人们使用这个方法后最普遍的反应是'我从未如此多地了解我自己、我的妻子、我的调酒师和我的心理医生，即使我在他那里接受了 5 年治疗'。这本身就非常引人注意，因为我们做的仅仅是尝试获取对他们瞬间体验的真实记录。"对有些人来说，罗素提出，参与 DES 研究"确实改变了人生"。

与此同时，类似这样的方法对那些想要科学地研究人类体验的人来说，提出了巨大挑战。对那些像露丝一样一开始对自身体验带有错误观点的人来说，这意味着什么呢？说到内部言语，罗素看到过很多例子，人们最开始认为他们脑海中充满了语言，然后开始 DES 研究（我最开始可能也是这样），结果发现他们的体验实际上并不只有语言。我可能对自己脑中会发生什么有"错误"的认识，这怎么可能呢？另一种观点是我根本无法确切地了解内心体验时发生的事情，这个观点似乎也一样奇怪，但这也是一些对内省法的批判所指出的。有一件事情是可以确认的：如果我们想要研究脑海中的声音，我们需要类似 DES 的方法来认真关注我们每天稍纵即逝的体验瞬间。

第 3 章

话匣子里

　　尼克·马歇尔（Nick Marshall）能读懂女人的心思。梅尔·吉布森（Mel Gibson）饰演的尼克在其芝加哥公寓的浴室中意外触电。醒来之后，他发现自己有了一种不可思议的能力——能听见周围女人的心声。这部电影叫作《偷听女人心》（What Women Want），是关于精神世界的私密性被打破之后所发生之事的故事。对于一个高傲的、大男子主义的广告公司经理来说，听到女人的心声是一个能提供方便的技能。它不仅能够改善他已经臭名昭著的私生活，还让他窃取了老板最好的想法，并谎称它们是自己的。在这个好莱坞浪漫喜剧的世界里，尼克面对道德挑战，人格逐渐成熟的故事充满了善意的提醒：我们不值得为了工作牺牲价值观。偷窃是错误的，尤其令人厌恶的是失主甚至可能都没有意识到想法被盗了。

　　像其他所有描绘读心术的艺术作品一样，《偷听女人心》提醒着我们，理智是多么依赖于精神世界的私密性。我们第一次看到尼克运用他的新能力是他触电后在公寓里醒来的时候。他的女佣发现他不省人事地躺在地板上，以为他可能死了，但她的想法并没有像往常一样保持私密，尼克听见它们就像被大声说出来一样。在这个特定的虚拟世界里，想法被讲了出来，而在正常情况下只有思考者本人能听见自己的想法。尼克以带着某种特点的声音的形式听到了其他人的意识流，这种声音结合字词来构建含义，就像说出来的言语一样。

抛开配乐不谈，电影是紧凑的视觉创作。没有什么能阻止导演把想法描绘成视觉形象，比如在角色头部上方的空间中展开的迷你短片，但这并不是电影或其他传播媒介最常用的处理方式。观察任何漫画书或连环画小说里的会话气泡，你就会发现，人们的思维过程都被描绘成了语言。人们都说，想法是一种声音，是自我的声音。如果想法被大声说出来，它就是被说同种语言的人理解的无声独白。

在随后的日子里，尼克对读心术的感觉由恐惧转为认可。电影中有一个有趣的场景：尼克非常迫切地想收集更多证据来确认自己是否真的拥有了新能力，他听两个头脑空空的秘书的脑电波，却发现完全没有声音。在另外一个令人印象深刻的场景里，尼克没听懂老板达西所说的话，因为她同时也在思考。思考是语言性的，而我们所想的与所说的可能不同。达西意识的声音与她现实的声音表达的内容不同，但毋庸置疑，她的意识是一种声音。达西半夜打电话给尼克，因为太害羞而不好意思对这个她所爱慕的同事说话，尼克从达西想法的声音中识别出了她，这经历非常特别。

除了性别政治问题，《偷听女人心》同样也对内心体验有错误的理解。在之前的场景里，我们无意中听到拉丁女佣的想法，她在用英语思考，如果她用自己的母语思考则更加合理。两个失聪的女人用手语交流，但却用英语而不是可能性更大的手语来思考。事实上，失聪和其他日常语言交流被扰乱的情况会对理解说话、语言和思考之间的关系造成巨大的挑战，在接下来的章节里，我们将看到失聪的人有内部声音的证据。

当我们把目光从良莠不齐的艺术作品转向学者如何描绘思考过程的时候，我们进一步确认了思考的过程与无声语言之间的紧密联系。"对我们中的许多人来说，"哲学家雷·杰肯道夫（Ray Jackendoff）写道，"脑中的实况报道永不会停止。"其他哲学家，如维特根斯坦和彼得·卡拉瑟斯（Peter Carruthers）提出，日常语言就是我们表达思想的工具。关于内部言语无所不在的最极端的观点可能来自心理学家伯纳德·巴尔斯（Bernard Baars）。"我们是聒噪的种族。"他于 1997 年这么写道，"与自己对话的冲动异常不可抗拒，越是尽可能地阻止内部声音，就越容易发现这一点……内部言语是人类本性的基本事实之一。"还有一次，巴尔斯带着近乎科学权威的态度称，内部言语显然是无处不在的："人类在清醒的每一刻都在与自己对话……外部交流仅仅占据了一天清醒时间的约十分之一，但内部言语一直在进行。"

这些观点获得的实证支持有限。有些人正如巴尔斯所说的那样，内部对话一直在进行，而其他人描述的内部声音则没那么活跃。在一项研究中，人们什么都不做地躺在磁共振成像扫描仪里几分钟（被称为"静息状态"模式），但研究者却发现超过 90%

的参与者在那期间有内部言语的经历，不过只有 17% 的人思考占主导地位。除了扫描大脑的方法之外，罗素·赫尔伯特的 DES 方法表明，一些人在蜂鸣器响起的瞬间包含高比例的内部言语（一位 DES 参与者的记录中 94% 有内部言语），但有些人的记录中却没有。比较两个研究结果的平均数，罗素和同事发现蜂鸣器响起瞬间中大约有 23% 的人产生内部言语，这个数据没有体现出个体之间的巨大差异。

如我们将看见的那样，对这些数据持怀疑态度是有原因的。尤其是因为它们引以为据的内省在很多方面都容易出问题，特别是当人们被问到有多少内部言语时，他们需要把意识倒回至特定的一段时间，这意味着回忆的弱点也会开始体现。就算使用 DES 方法谨慎地引导人们快速复制内心体验，体验也会受到游移不定的回忆的影响。我们同样需要记得，人们在表达想法的措辞上有天壤之别。有些人根本没有内部言语。因此，任何关于内部言语作用的理论都需要解释有些人的脑袋里没有任何内部言语这个事实。

然而，证据表明，内部言语是我们精神生活中意义深远的一部分。我们清醒时间的四分之一到五分之一是在和自己对话——在清醒时间里有很多自我对话。所有这些语言在我们脑袋里做些什么？问问人们何时以及如何去探究内部的对话流，也许可以弄清我们会从思考的语言性当中获取什么。

迈克尔在脑海中与自己对话。他的日常工作涉及大量的空等，也穿插着需要注意力高度集中的时刻。他的工作需要不可思议的能力，使他在随意运动*中结合思考和行动，而随意运动的速度就和普通人的膝跳反射一样快。迈克尔是专业的板球运动员，他在等待传球时会与自己对话。"我觉得我没有大声说出来。"我与他在郡球场里碰面时，他刚结束一天的训练。他告诉我说："不过，我在脑子里说'后脚动一下'，我就会动一下后脚。然后我试着告诉自己，'好了，看着球，不要想任何人和事'。"

人们早就注意到这种类型的自我对话是体育运动的重要特点。在1974年的一项经典研究里，体育题材作家提摩西·葛维（Timothy Gallwey）把读者的注意力带入一个他认为在任何网球场上都能观察到的场景中：

> 多数运动员在场上一直对自己说话。"跳起来接那个球。""打他的反手。""看着球。""屈膝。"他们不断给自己下达指令。对一些人来说，这就像在听他们脑海中播放的上节课的磁带。击球后，另一个想法闪过脑海，可能表达如下："你个笨牛，你祖母都比你打得好！"

对牛和祖母来说，这可能都不是什么好想法。葛维从两个自我——"发令者"和"执行者"——的关系来分析这些自我对话的常见类型。你指挥，身体听命。葛维的观察涉及一个差异，这个差异会出其不意地出现在任何关于为什么我们与自己对话的讨论

---

* 指由大脑运动皮质直接控制、受意识支配的躯体运动。——编者注

中，那就是作为说话者和作为倾听者的差异。如果我们确实与自己对话，那么随之产生的语言一定具有一些不同的自我进行的对话的属性。

这个观点在西方思想中的起源最早可以追溯到柏拉图。"有关任何事的思考都是与自身心灵的对话。"他在《泰阿泰德篇》中写道，"我讨论我几乎不理解的事，但在思考时，灵魂在我看来只是在说话而已——问与自身有关的问题并回答，确认或否认。"威廉·詹姆斯在 19 世纪末写道，聆听言语思维的展开，是我们能"在思考来临时感受其含义"的重要部分。自己说话自己听，这么做就能理解思考的内容。美国哲学家查尔斯·桑德斯·皮尔士（Charles Sanders Peirce）和詹姆斯几乎在同一时间写道，思考是不同的自我之间的对话，包括"爱挑剔的自我"和质疑"现在的自己"所做之事的自我。对哲学家、心理学家乔治·赫伯特·米德（George Herbert Mead）而言，思考包含社会学概念上的自我和内化的"他人"之间的对话，这个内化的"他人"是一个抽象的内部对话者，他会对自我正在做的事情采取不同的态度。

网球场上自言自语的人恰恰体现了这些关于思考的不同观点的相同之处。把你称为"笨牛"的想法来自爱挑剔的那部分自我。与自我对话的那一刻，我们脱离了自我，对自己所做之事有了一些认识。在体育运动中的自我对话可能被大声说出，也可能在心里默念。葛维从网球场中获取的报告显示，自我对话有两种主要的形式。一种似乎有认知功能：告诫自己看清球并把它打向对手的反手方向，这些话语似乎用语言来指导自己的行为。另一种有激励功能，特别是对因糟糕的击球而责备自己的运动员能起到激励的作用。"糟糕透了，"我们可能听见他们告诉自己，"好好打。"

这两种自我对话在体育竞技中似乎同样重要。在 2013 年的一场采访中，温布尔登网球锦标赛冠军安迪·穆雷（Andy Murray）声称，无论在场上还是场下，他从没有对自己大声说过话。然而，情况发生了变化。在法拉盛草地球场决赛中与之后的世界第一诺瓦克·德约科维奇（Novak Djokvic）对决时，他失去了两局领先的优势。穆雷利用上厕所的时间在镜子前给自己打气。"我知道我必须改变我的想法，"他告诉《泰晤士报》，"我必须控制我的大脑。所以我开始说话，大声说话。'你不会输掉这场比赛，'我告诉自己，'你不会输掉这场比赛。'起初我有些犹豫不决，但我的声音越来越大。'你不会错过这个机会，你不会错过这个机会……释放你所有的能耐，不留余力。'刚开始，我觉得有些怪异，但我感觉到身体里有些东西发生了改变。我对身体的回应感到吃惊。我知道我会赢。"穆雷回到场上继续自我对话，他破了德约科维奇的发球局，在第五局中连赢三球。随后他赢得了美国网球公开赛，成为英国 76 年来第一位男单大满贯冠军。

自我对话在体育训练领域是如此重要，以至于大声说出和在脑中默想这两种形式都得到了非常充分的研究。心理学家已经对在运动时给自己打气的行为进行了广泛的研究，包括羽毛球、滑冰和摔跤等运动。但自我对话的有效运用并不仅仅在心理暗示和陈词滥调的自我指导上。事实上，最近的一篇文献综述指出了一些与自我鼓励的益处相矛盾的研究结果。比如，如果跳水运动员采用了更积极的自我对话，例如自我赞美，那他们跻身加拿大泛美队的可能性更小。至少在竞技跳水中，这么做看起来对自己有些溺爱。

　　自我对话的价值在实证研究中得到了更清晰的解释。研究者通过控制环境变量来研究在特定环境下人们的表现以及自我对话的影响，而不仅仅让人们汇报他们在日常的体育运动中都在做些什么。在实验室里，人们不会经常研究酒吧里的飞镖游戏，而有一项研究却做了这个实验。实验要求志愿者们在射飞镖的时候运用不同形式的无声的自我对话。相较于打击自己（对自己说"你做不到"）的情境，参与者在对自己进行积极激励的情境下表现得更好。姑且不管自我对话（积极或消极）的影响，成功的运动员似乎与自己对话更多：至少在对有资格进入美国奥林匹克队的运动员的分析中，表现出了这种情况。特别是对网球运动员的观察，给了我们理由去思考，自我对话的效果可能与它是无声的还是被大声说出有关。从电视报道中可以得知，许多场边自我对话是很消极的。也许这些运动员像穆雷那样在心里默默地鼓励自己，但对于女球童和裁判的警告，对外只是表现出对自己的责骂和惩戒。回想起来，关于运动的自我对话大多数时候并没有区分公开（大声说出来）和隐秘（无声）的话语，这意味着，所有好话都被隐藏在内心没有说出来这一假设至今仍然难以验证。

　　在作为自我对话研究对象的许多运动中，板球是一个特别有趣的例子。击球手必须对板球的速度、轨迹和反弹做出反应，而板球以大约每小时 153 千米的速度冲向击球手。（在棒球运动中也类似，但是过程被稍微简化了，因为球在到达击球手前不需要在球场上弹一下。）生物力学研究者得出结论，击球手在面对一个速度很快的投手时是没有机会去有意识地做出反应的。球的速度太快了，接球者必须训练本能反应让自己尽早看清球的运动轨迹和长度，以打出准确一击。球被传出后的瞬间，接球者不会用到通常的思考方式去想需要做什么，没有时间来进行奢侈的思考。

球被传出的几秒钟很关键，保持注意力对击中球、避免球进入三柱门至关重要。更准确地说，击球手需要快速有效地转移注意力。传球前的几秒，我们经常会看到击球手全方位地环顾场地周边。他不是无聊，不是注意力不集中，也不是在看是不是有更有趣的事发生；他是在测量场地大小，查看外野手的位置，并考虑他可能在哪里得分，在哪里可以避免挑高球被接住。一两秒后，他必须把注意力的范围大幅缩小——从更宽泛的场地（现在担心这个太晚了）缩小到投球手手里那反着光裹着皮外套的木球上。击球如此困难的原因之一，正是注意力从发散到聚焦的转移。忽然之间，你要从知晓全局转换成聚焦于可能把你送回更衣室的一件事。

自我对话在这里可能真的发挥作用了。人们提出，运动中的自我对话可能会产生很多功能，但其中最重要的或许是它在控制注意力方面发挥的力量。我不是运动员，但我开过车，而且我开车的时候经常对自己说话，这是让我的注意力集中在一条又一条道路上的办法。比如，当路过一个环形路口时，我可能会对自己说："看右边。"这样我就会给那个方向来的车让道。如果我刚从国外旅游回来，我更可能这么做，因为在国外我可能在路的另一边开车。我没办法用科学的方式证明，但这几句话似乎能帮我集中注意力。

为一个新传来的球做好心理武装，最好的方式可能还是语言。可是如果你简单地去询问板球运动员，他们如何、何时以及为何要对自己说话，你可能不会得出什么结论。正如罗素·赫尔伯特所主张的那样，任何这样的问题都可能引出目前对个人所认为的大脑运作方式的概括，而不是真的把他们的体验作为样本（这是罗素对问卷调查法高度质疑的原因之一）。为了试着进一步了解击球手是如何运用自我对话的，近期的研究采用了新方法。五位来自同一家英国乡村俱乐部的专业击球手参与其中。实验针对每一位击球手刻录了有整套"精彩画面"的 DVD，其中包括一局比赛中的 6 个关键事件：走出击球、面对第一球、糟糕的一击、投球手改变、预判传球和出局。比赛一周后，每位击球手和其中一位研究者（本身也是一位杰出的板球运动员）一起坐下，看 DVD 中那场比赛中的每个片段，而且参与者被要求回想在每个节点上他对自己说了些什么。

实验结果描绘了自我指导性语言实现一系列功能的画面。一位参与者指出，当他走出击球时，他聚精会神地进入击球的状态，忘记了计分板上的分数。另一位参与者为了赢得比赛，试着通过简单的信心宣言把自己调整到一个正确的心态上："我有机会赢一场板球比赛。"在关键的第一球之前，一位参与者环顾场上的裂缝，然后说："我的腿可能会断。"任何板球运动员都会告诉你，快速、安全地忘记比分会给赛前紧张的情绪有力的一击。

但事情很少能一直进行得那么顺利。击球是一项无情的运动：一个错误就可能让你出局。参与研究的击球手全都提到，他们的自我对话在打了一个糟糕的球后达到顶峰。常见的模式是先自我责罚，再自我激励。一位参与者指出，他在比赛中气势低迷时，自我对话尤其管用，而在其他时候，自我对话只是为了提醒自己好好发挥。事情不那么顺利的时候，"放松点儿""坚持住"是常见的劝勉。当比赛继续进行，要求的上升率悄悄迫近时（这些都是限制回合比赛），参与者会进行自我对话来帮助自己预判击球地点。对其中一位参与者来说，仅仅靠逐一观察外野手的位置，帮他本能地打了好球。最后，所有的参与者在解散之后，都用语言责备了自己，但同样也为下次积累了教训。

总的来说，参与者的报告表明，各种自我对话的叙述从比赛前就开始，一直持续到比赛结束，当情况不那么顺利的时候，自我对话尤甚。说到转移注意力的挑战，一位参与者的注意力从发散向聚焦转移时，的的确确对自己说出了"球"这个字。如果你有机会在电视上看板球比赛，你就可能看见类似的事情发生。比如，观察英国的约恩·摩根（Eoin Morgan）在中间顺序击球，你就会清楚地看到他每次传球之前都会张嘴对自己说"看球"。摩根似乎觉得把自我指导的话运用到认知中是管用的，可以在关键时刻让自己集中注意力。

迈克尔对自我对话的解释证实了视频实验的结果。在进展顺利时，他脑中对话的强度降低，但变得更明确，也更管用。打了一个烂球后，他会用语言回应自己的行为："我可能对自己说加油或咒骂自己一下，或者告诉自己看球……所以这更像是对我行为的情感提醒，告诉自己回到应该在的地方。"我们的会面安排在他获得甲级板球比赛最高分的不久后。他在 4 天的郡比赛中获得了100 多分，我问他在达到这样一个里程碑后，他的自我对话是否会改变。"我也许不会更多地与自己对话，但我说话的节奏与比赛刚开始时略有不同，所以我拿到 90 分时，我知道与之不同的焦虑感或其他想法会涌入脑海中。"迈克尔同样认为与自己过多地对话是危险的，"我尽可能地保持简单的自我对话，这样我就不会想太多，我也不会对自己说太多话。"我问他脑海中是否能听见特定教练的声音指导着他。"虽然不像能听见教练确切声音的电影场景那么老套，但我的脑海中绝对有人们给过我的提示……我绝对没有在脑海中听见某个特定的声音或某个特定教练的教诲。我可能想到了某个瞬间或者某段回忆，然后把它用到了比赛场景中。"

迈克尔的描述似乎与葛维对网球场上"发令者"和"执行者"的描述相符。那个内部教练可能是不同的训练经历的组成部分，而不是某个具体的声音。实际上，不同种类的内部对话者似乎在所有这些自我对话的描述中都显著存在：严格的批评家、可靠的朋友、明智的顾问等。直至最近，只有少量的科学研究来描述这些内部对话者的种类。来自波兰卢布林天主教大学的玛高扎塔·普卡拉斯卡－瓦赛勒（Malgorzata Puchalska-Wasyl）改变了这一现状。她关注日常的内部对话而不是运动表现，要求学生运用清单上的情绪词汇来描绘他们最常感受到的内部对话者。随后这些评定结果被用于统计分析，相似的描述被归为一类。4 种截然不同的内部声音种类出现了：忠实的朋友（与个人优点、亲密关系和积极感受相关）、矛盾的父母（结合了力量、爱护和关心的批评）、傲慢的对手（他疏离，以成功为导向）以及冷静的乐观主义者（一位带着正面的、过分自信情绪的镇定的内部对话者）。最初这项研究的弱点是，它没有考虑到参与者内部声音充满了多样性，所以研究者又进行了一次实验，要求志愿者描绘两种他们最常感受到的内部对话者以及两种代表其他情绪的内部对话者。前面提到的 3 种类型重新出现在了统计分析中，但这次，冷静的乐观主义者被称为"无助的孩子"的类型所取代，与其他类型不同的是他的负面情绪和社会距离感。

　　无论我们是否接受这些角色给我们提供建议、安慰或是鼓励，我们如何处理作为倾听者的那部分似乎很重要。安迪·穆雷在镜子前给自己打气的时候，的确把自己当作另一个人，他的勉励是说给"你"听而不是"我"或"自己"听的。当人们被要求用自己的名字或者通过第二人称来指代自己时，他们似乎与自己有了一种距离感；如果他们用"自己"或"我"来指代自己，他们就不会这样。这已经被一系列的研究以实验的方式验证过了。密歇根大学安娜堡分校的伊桑·克罗斯（Ethan Kross）研究了在准备和开展某项任务时，用第一人称指代自己会产生的影响。其中有一个为了创造社会焦虑感而设计的实验，实验要求参与者在限定的时间（5 分钟）内准备一场公开演讲——具体来说，就是尽力去说服"专家"（实际上是实验助手）组，他有能力胜任一份梦寐以求的工作。相较于那些被要求谈及"我"应该怎么做来准备任务的人，那些没有被告知要使用第一人称谈及自己的志愿者在演讲中表现得更出色，他们对自己的表现更满意，之后所做的反思也更少。不使用第一人称指代自己似乎让他们与自己产生了一段距离，这使得他们更有效地规范行为，特别是处理类似于社会焦虑感的情绪。

可以很清楚地看到，某些种类的自我对话的益处不仅仅局限于运动。所有这些研究都体现出，对自己说话能实现不同的目标。对于一个运动员来说，自我对话在充满挑战的比赛环境中对控制行为、激发斗志、鼓励士气及调整注意力起到了作用。对其他人来说，自我引导的对话使我们从不同角度了解自己，并以批判的目光来客观地判断我们所做之事。这个脆弱的、甚至无声的话语如何通过这种方式影响声音的主人？为了了解语言如何在我们脑中转化成那股力量，我们需要探寻其实现方式。

第 4 章

两辆车

"我要造铁轨！我要造铁轨，爸爸。"

有个小女孩正在玩玩具。她坐在卧室的地毯上，挨着一个大型手提袋，袋子里装满了蓝色和紫色的塑料零件。它们是名为"幸福街"的建筑模型的零件，这些零件可以被重复组装来建造带有商店、机场和警察局的玩具小镇。我们有几个小时的玩乐时间来扮演两个城市规划者。在我们的城市里，老太太们开着救急车辆到处乱窜，面包房里的小面包永远色泽光亮，新鲜出炉。

"我在做什么？我要造一条铁轨，然后在上面放车。"

她已经把一些弯曲的道路和十字路口拼起来了，现在她可以再放些车辆。

"我需要在上面再放些车。"

她跪着爬向手提袋，并钻了进去。袋子非常大，是她身体的两倍。她爬进里面，就像在搜查圣诞老人的袋子。她又拿了一块组装道路的零件，并试着把它拼进延展的交通网络里，但这些小小的塑料薄片很难拼在一起。

"我要造一条铁轨，然后在上面放车。放两辆车。"

刚才那句话表明她想要加放一辆车，但她实际上还没有选好任何车：她还在拼道路。需要两辆车的想法仅仅是一个想法。

"这块好难。"她又试着把零件拼在一起，这次，薄片排成了一排。"这就对啦！"

此时，她转向手提袋，朝着它举起食指。她的表情像一位正努力管教一班调皮学生的威严的老师。

"再来一块……"

从某种程度上来说，我女儿雅典娜正在做的与迈克尔在击球线上的行为并无太大差距。不同的是，她不是一个专业的运动员，她甚至还未成年。她只有两岁。如果这种行为和自我对话相类似，她开始得很早。

和运动员相比，雅典娜的自我对话似乎有不同的作用。它用于自我调节，因此她在行动之前就计划好自己要做什么。她在一辆车都没有出现之前就表达了想要两辆车的想法。正如击球手在走出击球之前就开始规划他那局的行动，或者在比赛结束后为下一场比赛总结经验一样，幼儿用语言来思考，而这些语言实际上也影响、指导其行为。

雅典娜的话似乎同样对调节她的情绪起了作用。当进展不顺利时，她给自己打气。当尝试把铁轨的零件拼进去却失败时，她告诉自己："这块好难。"当成功的时候，她则小小地自我庆祝了一下："这就对啦！"

大多数发育正常的孩子到两岁的时候，都已成为语言的专家，他们经常运用语言来自我指导。通过观察自我对话如何在早期生命中形成，我们能发现许多说明我们脑海中的声音源自哪里以及它们转换成了什么的信息。实际上，我们得到了关于什么是内部言语的非常重要的线索。

列弗也与自己对话："我想完成那幅画，对了……我想画点什么，我真的想。我应该需要一张大纸来画。"

那是 20 世纪 20 年代的日内瓦。列弗是卢梭研究所幼儿园的孩子，该幼儿园从 1921 年到 1925 年都由享有盛名的发展心理学家让·皮亚杰（Jean Piaget）管理。列弗及那些像他一样的孩子的内心独白是怎样的，他们如何以非社交目的来运用语言，这些是皮亚杰的兴趣所在。用皮亚杰的话来说："列弗是一个完全生活在自己世界里的小家伙。"皮亚杰告诉我们，列弗到了 6 岁的时候，仍旧不能有意识地去考虑他可能会尝试与之交流的人的想法。

皮亚杰把这种语言视为小孩以自我为中心的佐证：孩童倾向于对自己的观点深信不疑。我们难以劝说他们是因为孩子无法将自己的喃喃自语适用于他人的想法、认知及信仰。"在这种情况下，"皮亚杰写道，"语言没有传达说话者的想法，它用于伴随、加强或者补充说话者的行为。"孩子的语言没有用来影响、鼓励或是刺激行为，它们仅仅伴随行为的发生。

在同一时间段的莫斯科，另一位心理学家也在观察孩子的自我对话。列夫·维果茨基（Lev Vygotsky）也发现，孩子会边行动边说话，但与皮亚杰不同，他不认为这些喃喃自语仅仅只是行为的伴随物。相反，对维果茨基来说，皮亚杰所谓的"自我中心言语"（egocentric speech）是一种使某种行为成为可能的手段。

一方面，维果茨基指出，孩子在行动中遇到困难时，他们的自我对话会更多。（实验设置了一个圈套，确保孩子正好没有绘画任务所需的特定颜色的蜡笔。）如果自言自语毫无用处，它就不应该受到任务困难程度的影响。实际上，维果茨基的孩子们确实会运用自言自语来策划解决难题的方案。一个孩子发现需要的蓝笔不见了后，对自己说："那支笔哪去了？我现在需要一支蓝笔，但什么也没有。为了代替蓝色，我决定把它涂成红色，然后在上面加点水——那就会让颜色更深，看上去更像蓝色。"

维果茨基做的许多其他观察表明，孩子的自言自语是能起到作用的。一个 5 岁的小家伙正画着电车，铅笔坏了。"坏了。"他轻轻地说——随后他放下铅笔，拿起画笔，画了一辆灾后正在维修的破损的电车。这个孩子用语言改变了他的活动过程。他大声地思考。

从表面上看，这些关于幼儿自我对话的观点截然不同。皮亚杰和维果茨基互相阅读对方的作品，并互相评论，给予对方很高的评价。但众所周知，他们对幼儿自言自语的认知截然不同，对其意义的理解也不尽相同。

另一方面，他们对幼儿参与社交有着不同的阐述。皮亚杰认为幼儿以自我为中心，过分"对自己的观点深信不疑"而不能完全投入社交中。对维果茨基来说，事情却不是这样的。他认为，孩子从出生的第一天开始就被卷入了社交关系中。语言给予了他和其他人相同的交流方式，由此产生的对话形成了之后他自言自语的基础，最终形成了内部言语。

作为心理学家，我职业生涯的大部分时间都用来思考维果茨基关于社交语言、自言自语及内部言语的研究的意义。我们脑海中的声音从何而来，它们为何拥有那样的特质，以及大声对自己说话为何对我们一直有益，甚至在我们成年后也是如此，我认为维果茨基的研究是对这些问题最好的阐释。尽管如此，维果茨基的理论中也留有许多空白。他作为心理学家的职业生涯很短暂，随着他37岁死于肺结核而结束。他作品中有些有关语言和思考的地方是含糊而晦涩的，但他的大多数观点同样被研究结果支持：研究孩子在玩耍和完成任务时对自己说些什么，以及研究成年人无声的内部言语。

再回到雅典娜的卧室，我仍然在用一个录像机拍摄她搭建轨道的过程。我不清楚她是否知道我在那儿。同时，我怀疑我的出现会促使她说话，即使她并没有对我说话。我推测如果我不在那里，她会对自己少说点儿话。事实上，这恰恰是维果茨基的发现：他把说不同语言的孩子放在一起，他们自言自语的比例相对于社交性语言下降了。与此类似，在一个观察中，他让一些孩子在一个房间里玩耍，这个房间隔壁是正在排练的嘈杂的管弦乐队，他们自言自语的比例大幅度下降。

但我确实在那儿，在某种程度上雅典娜清楚这一点。自言自语具有被早期的研究结果称为"近社会性"的本质：在幻想有听众的情况下，自言自语会更多地发生。如果你能将私密言语理解为操控那些在其他情况下能控制他人行为的语言的尝试，并反过来利用它们控制自己的行为，这就好理解了。并不是雅典娜试着去交流却没有这个能力，而是她只是在试着与自己交流。这些喃喃自语不是针对我的原因不在于她缺少认知成熟度而不考虑我的观点，而是它们本来就不是针对我的。我的出现可能激发了它们，但它们仅仅是说给她自己听的。

从社交语言到自言自语的转换非常清楚地在我眼前展现。城市规划游戏刚开始时，她叫了我："爸爸。"但之后她似乎很快忘记了我的存在。当我们分析孩童的自言自语时——这是一个劳动密集型的过程，需要投入大量的时间来观看和回放录像——和其他自言自语相比，如果它们明确提到了一个人的名字，我们就把它标记为社交性的。而被分类为私密性的，需要没有任何线索表明这些自言自语是说给另一个人听的。这为我们提供了孩子运用了多少隐私性和社交性语言的信息。之后我们能运用这个信息来验证维果茨基关于自我控制型对话的形式和作用的观点的准确性。

首先，维果茨基认为，幼儿用自言自语作为"心理工具"来调节他们的行为。如果他是对的，我们应该能看到一些证据证明自言自语会让事情变得不同。执行任务时，自言自语的孩子应该能更好地完成任务——如果自言自语和他们所做之事相关，至少应该是这样。心理学家通过让孩子做任务，分析他们在完成任务过程中的自言自语，研究他们的表现是否与进行中的自言自语相互关联，来验证维果茨基这方面的理论。至少有一些研究已经支持了这个观点：孩子通过自言自语获取了认知方面的益处。比如，我们让 5 岁和 6 岁的孩子做一个名为"伦敦塔"的任务，任务要求在不同长度的棍子之间移动不同颜色的球。伦敦塔游戏方便的一点是，可以通过球的排列来设置不同难度的游戏以实现目标。与维果茨基关于自我对话的功能性价值的预期一致，我们发现，运用自我调节性自言自语越多的孩子，解开难题的速度越快。我们还发现，自言自语与任务难度之间的关系在我们意料之中。在容易的游戏中，孩子的自言自语更少（大概是因为它们太容易了，根本不需要用到口头自我调节的激励），在中等难度的游戏中，他们的自言自语最多，而在更难一些的游戏中，自言自语又少了（大概是因为那些游戏太难了，孩子们完全没办法着手解决，所以自我调节的语言不奏效）。

关于自言自语的功能就说这么多。那么它的形式是怎么样的呢？维果茨基不认为语言的内化仅仅意味着自我调节性语言的声音变得越来越小，直到变得完全静止或无声（比如，他同时代的行为学家约翰·布鲁德斯·华生的观点就是这样）。相反，维果茨基认为，被内化的语言在此过程中从根本上发生了转变。一个突出的重要转变是，语言被简化了。孩子们不需要使用完整的句子来指导他们的行为。雅典娜不会对自己说"我需要两辆车放在我的铁轨上"，她把它简化为"两辆车"。这与皮亚杰的理论相反，他认为，当语言适应于听众时，孩子的语言应该变得更容易让人明白，而维果茨基的理论预测，私密性语言应该逐渐变得更浓缩和简化——对外部听众来说它变得更不容易而非更容易理解。当谈及雅典娜随后的内部言语时，这些语言的转变尤其重要，根据维果茨基的理论，内部言语由她大声说出的用于自我调节的语言发展而来。

与此同时，自言自语保持着从社交性语言里衍生而来的重要特点。如果自言自语是社交对话的部分内化形式，你料想它会显示出一些对话来回往复的特点。具体来说，你会期待看到孩子自问自答。雅典娜与自己关于铁轨的对话似乎就是这样。"我在做什么？"她问自己。"我要造一条铁轨，然后在上面放车。"正如成年人的自我对话似乎会经常反映出自己与自己交谈的特征，这种特征在孩子的自言自语里也非常普遍。孩子最初可能向看护者提问并等待回复，在自言自语中他们通常给自己提供答案。

研究者已经逐渐发现支持维果茨基理论的这些不同方面非常有利的证据。但许多空白仍旧存在，而且他有关自言自语的论文中的某些方面还存在细微的错误。虽然维果茨基坚持认为，自言自语最终会在童年的后期"转入地下"形成内部言语，但同样清楚的是（不仅仅是从运动员的自我对话中看出）成年人会继续和他们自己说话。自言自语——相对于内部言语而言，它发出了声音——的功能似乎远不止自我调节，比如用来练习第二语言，编著自传式的回忆录，以及创造一个神奇的世界。如果孩子花大量的时间大声地和自己对话，这不单单是因为这可以帮助他们解决问题。

***

我们现在假设，维果茨基关于自言自语的解释大体正确。那么我们是否应该假设，他对内部言语无声且内在的认识也是正确的——换言之，我们把什么认为是内部言语？结论未必如下：内部言语是由自言自语发展而来的，维果茨基的这一观点有可能是错误的。无声的自我对话的不可观察性及它对实证研究的必然排斥，依旧使得这个问题难以回答。

这不仅是因为我们必须去处理一些违反直觉的观点。如果维果茨基是对的，自言自语应该需要时间来发展（事实上证据表明，自言自语在 3 岁到 8 岁之间达到高峰）。内部言语应该比这还要更加滞后。这是不是就意味着，幼儿体会不到渗透在许多成年人清醒时刻中的内部对话流？我们大多数的思考似乎都是通过语言完成的，我们是否应该得出结论：幼儿的思考截然不同？

这个问题的处理把我们带到了维果茨基理论特别之处的核心。幼儿的思考也许在各方面与我们不同，但他们思考的用词有没有什么特殊性呢？有关工作记忆的研究提供了一个线索。认知系统的作用是使意识中的信息保持的时间足够久——几秒钟——以规划行为或实现其他精神活动。工作记忆的主要模型来源于英国心理学家艾伦·巴德雷（Alan Baddeley）和格雷厄姆·希契（Graham Hitch）的作品，他们提出，该系统的一个关键部分是语音回路，一个用于专门储存声音相关信息的组件。也许不足为奇的是，这同样也是一个需要运作的系统，以便产生内部和外部言语——换句话说，它是完成言语思维的重要装备。其他单独的组件负责视觉和空间信息的管理，但语音回路是我们在需要短期记忆的任务里使用最多的组件。当有一堆东西需要记忆的时候，成年人倾向于口头默诵信息，直到该回想这些信息之时。这是一个有效的策略，如果你曾在超市里走来走去，对自己喃喃地说着购物清单上最后几样东西，你就用过这个策略。

因为这类默诵依赖语言，所以它非常容易受到这些语言特定特征的影响，比如，它们听上去是否相似。如果你口头默诵它们，听上去类似的词（如男人、地图、垫子）*很容易搞混，相较于我们背诵发音不同的单词，我们在回忆这些发音相似的单词时确实更容易犯错，即使这些词以视觉形式呈现过。这种现象被称为"语音相似效应"（phonological similarity effect），这表明我们利用语音（或以声音为基础的）代码在记忆中保存信息。如果孩子们在思考中开始运用词汇需要时间，那么他们体现出这种效应应该同样需要时间。

这正是研究所表明的。六七岁以下的儿童没有表现出语音相似效应，这暗示他们没有为了短期储存，自动地把信息重新编码为口语代码。当然，口头背诵有可能是个特例，而孩子在意识到语言在短期记忆里面有这么便利的功能之前，就开始用语言思考了。我们一边观察孩子背诵由视觉呈现出来的材料，一边研究他们的自言自语，以此来验证这种可能性。我的研究生阿卜杜拉赫曼·阿尔-那木拉（Abdulrahman Al-Namlah）研究了来自两所学校的 4 到 8 岁的学童，他们分别来自英国和沙特阿拉伯的学校。他通过伦敦塔游戏来评估孩童的自言自语，他给孩子们安排

---

* 英文中，男人（man）、地图（map）、垫子（mat）前面两个字母发音完全一样，只有尾音发音不同。——译者注

了一个单独的短期记忆的任务，以此来检测他们语音相似效应的强度。正如预期的那样，6 岁以下的儿童没有显示出这种效应；他们的记忆不受需要记忆的单词发音的影响，但更年长一些的孩子在遇到发音相近的单词上，记忆就会相对困难一些。更有趣的是，孩子受这个效应影响的程度与他们在伦敦塔游戏中使用了多少自我调节的自言自语有关。那些看上去用语言来调节解谜行为的孩子，似乎更有可能利用口头背诵来短期记忆。这些研究表明，记忆并不是特殊的案例。相反，一旦孩子掌握在思考中使用语言的窍门，他们认知的其他方面就会开始受到影响。

　　回答这个问题的另一种方式是，观察干涉孩子的内部言语是否会干扰他们的表现。这个观点认为，只有孩子依赖语言思考来解决难题，你才会观察到干扰的效果。我的一个研究生简·利德斯通（Jane Lidstone）运用被称为"发音抑制"（articulatory suppression）*的方法来阻碍内部言语，他开展了一项调查，调查包括在实验过程中大声重复一个无伤大雅的词（如跷跷板）。发音抑制假设会妨碍工作记忆的语音回路组件，该组件被认为是形成内部言语的关键。实验要求参与者在进行单独认知任务时，练习发音抑制，并评估这是否会影响他们在之前那项任务中的表现，这是一种检测人们在特定环境下对内部言语的依赖程度的常用方法。如果我们不能直接检测内部言语，就对它何时发生做出有根据的假设——随后再观察，如果我们试着阻碍它会发生什么——这是间

---

* 发音抑制是指在被要求记住某件事情时，通过说话来抑制记忆表现的过程。——译者注

接检测内部言语功能的有效办法。

　　简选用伦敦塔任务，是因为它被看作一项经典的策划性任务，而策划（连同其他所谓的"决策"功能）被认为是自我管理语言极其重要的功能。简希望确认，自我调节性自言自语更多的孩子如果在任务中不能与自己对话，他们会不会在伦敦塔游戏里表现得更糟糕。简运用标准的发音抑制，她要求孩子思考难题时大声对自己重复一个词。孩子们被要求在脑海中凭想象移动球，然后告诉实验者他们认为需要多少步来解决这个难题，随后要求他们实际移动球来展示他们的解决办法。这么做的想法是，这会鼓励孩子做计划，而不是简单地着手，随意地移动球。

　　研究结果支持了维果茨基的理论。相对于孩子只是跺脚的对照组，在发音抑制的情境中，孩子的表现不尽如人意。我们把这一结果当作证据，它证明了自言自语和内部言语往往用于策划组件中，而且阻碍这两种语言会对策划造成相应的影响。不仅如此，使用自我调节性自言自语越多的孩子在控制情境中越容易受到语音抑制的影响。这么看来，有些孩童更加依赖言语思维，所以当他们不能以言语思维思考时，他们受到的消极影响更多。

　　另外一种了解孩子是否用语言思考的方法显然更直接，那就是询问他们。正如我们所知，要求成年人反映他们的内在体验已经够困难了，换成孩子的话，问题就变得更加尖锐了，孩子可能缺乏必要的语言技巧来细致地描述自己脑海中在想什么。有过一些让孩子做 DES 体验取样的尝试。罗素·赫尔伯特在一些孩子身上运用过他的方法，包括让一个 9 岁的男孩报告他一瞬间的体验，其中有他后院的洞里放着一些玩具的画面。罗素运用常用的 DES 方法，温和地询问男孩关于他后院的描述是否准确。男孩回答道："是的，但我并没有时间把所有玩具放进洞里。如果蜂鸣器晚几分钟响，我可能就有时间把所有玩具放进洞里了。"罗素总结道，精神画面的创造可能是一种会随着年龄和练习变得更熟练和迅速的技巧。他的观察表明，在假设孩子的内部体验和我们相近时，我们需要谨慎。

其他研究者尝试了一种更具实验性的方法来确定孩童对内部言语是否理解。约翰·弗拉维尔（John Flavell）——斯坦福大学杰出的发展心理学家——过去花了几十年来调查孩子们对内心体验的理解。其中一项调查包括，问一个孩子，当一个实验者安静地坐着，看向窗外时，她的脑海中在想些什么。3 岁的孩子一般会说，这人的脑海中一片空白，而 4 岁的孩子认为，人即使在没做什么具体的事情的时候，思考也在继续。弗拉维尔从 3 岁的孩子缺乏对自己意识流的认知方面来解释这些发现：他们还不那么擅长内省，所以他们不能汇报脑海中热闹的想法。然而另一个解释是，幼童只是没有意识流，更具体地说，他们还没有将外部言语内化形成内部言语。他们不用语言来思考，所以如果要求他们思考没做任何事的人的内心体验，他们会得出结论：这个人大脑中肯定一片空白。

在其他研究中，弗拉维尔对内部言语进行了具体调查。一项研究要求 4 到 7 岁的孩童观察成年人完成一项任务，这项任务可能需要用到内部言语，如开始试着回忆购物单上漏掉的物品。孩子们被问到类似这样的问题："她刚刚只是在脑中思考呢，还是她在脑海中对自己说话了？"6~7 岁的孩子会认为内部言语也许发生了，但 4 岁的孩子这么认为的可能性就小很多。在第二个实验中，给孩子们的任务是为了诱导内部言语而特意设计的，比如，默想他们的名字是如何发音的。40% 的 4 岁孩童和 55% 的 5 岁孩童承认，他们使用了内部言语而非视觉手段来获取答案，这个比例明显比成年人的低很多。

再者说，这些结果不能清晰地表明，是孩童在反映他们自身的内部体验方面有困难，还是这个年龄的孩子只是缺乏同步的内部言语。答案可能两者兼有。但如果孩子真的缺乏内部言语，其含义非常深远。我们不应该得出孩子不会思考的结论，虽然看上去他们的确缺乏在许多成年人意识中占主导地位的思维模式。幼童的精神世界是一个奇怪的领域，这仅仅是得出这一结论的几个原因之一。

所以说，语言并没有带给孩子思想；相反，思考改变了语言出现之前存在的任何智力。毫无疑问，维果茨基受到了新生的苏联知识分子热潮的影响，并将这一热潮称为"发展的革命"。在爱德华·圣奥宾（Edward St. Aubyn）的小说《母乳》（*Mother's Milk*）中，5 岁的罗伯特怀念这场革命来临之前的时光。他观察他还是婴儿的弟弟托马斯处在无忧无虑、没有语言的世界中，回忆起了一段大脑还未被语言填满的时光："他完全沉浸在造句中，以至于他几乎已经忘了未开化的日子，那时，思考就像涂在纸上的一抹颜料。"即使只有 5 岁，罗伯特的思考已经完全被转化为了语言。"回首过去，他依旧能够看见，曾生活在如今感觉像被暂停了一般的世界里：当你第一次打开窗帘，看见大雪覆盖了整个世界时，你屏住了呼吸。他没法再获得那样的感觉了，但也许他还不用冲下陡坡，也许他能坐着，看看风景。"

第 5 章

思考的自然史

"我记得我曾有过自我对话，那一刻我感觉在与自己进行一场小型辩论……它不像我现在说话的这种速度，而是像在你看见这些画面的同时进行的对话。感觉像'嗖'的一声，然后你知道脑中进行了那场对话。"

乔丹是我们 DES 实验的另外一位参与者。他是来自伦敦的艺术生，在柏林进行研究实习。这是我第一次主导面谈，而且我意识到罗素把他研究了 40 年的方法暂时托付给了我。乔丹有一双令人快乐的棕色眼睛，一头长长的深色头发和一副络腮胡。因为柏林的夏天酷热，他穿着黑色 T 恤和短裤。

这是乔丹参与 DES 取样第 2 天的第 3 次"哔"声。在蜂鸣器响起的那一刻，乔丹一边走在路上，一边想着他看到的远处的黑色八哥犬。他想到了他的朋友和女朋友，以及关于他们想要自己养一条八哥犬的争论。乔丹回应说，他觉得养八哥犬很残忍——为了培育出短小的口鼻，它们被特殊繁殖，这让它们呼吸困难。这引发了关于养八哥犬是对是错的内部讨论。

"所以，在脑海中开展对话的时间与现实生活中的对话不一样是吗？"

"不一样。"

"开展对话的时间更短还是更长？"

"更短。脑海中的对话快多了。"

人们汇报他们的内部言语时常说，内部言语以这种方式对抗时间。一位罗素实验的参与者梅兰妮（她是一整本关于 DES 方法的书中的被试*）曾描绘过蜂鸣器发出"哔"声的瞬间，那时她正在想，她刚从学校收到一把椅子作为礼物，还收到一份不寻常的文件，上面说允许她指定家族中的一员最终继承椅子。"哔"声响起前的瞬间意识，是关于收到一份礼物同时思考谁有一天会以遗产的形式收到它的奇怪组合。

罗素与一位因对 DES 和其他内省法持怀疑态度而闻名的心理学家埃里克·史维茨格勃尔（Eric Schwitzgebel）一起进行了这场面谈。在面谈中的某一刻，埃里克指出，梅兰妮似乎在她可用来思考的时间内产生了大量的想法（以她称为"内部思考的声音"来思考）。思考像正常语速说话的声音，还是加速的声音，或者是像用某种方式被压缩了？

"它被压缩了。"梅兰妮说道，"我不会说它被压缩成了一刹那——要比那时间长。但它比正常大声说出那样一句话要快很多。"

这时，埃里克故意加快了他正常的语速。"所以它是不是像一

---

* 被试（subject），心理学实验或心理测验中接受实验或测试的对象。——编者注

个说话很快的人以极快的语速像这样说出来呢？还是它似乎与说话的语速有些不同呢？"

"我觉得我不得不说，它是有些不同的，因为我并没有感觉它在我脑中被压缩了。它不像说话语速很快时那样，感觉很匆忙或是被挤压进了一段很短的时间。"

史维茨格勃尔之后在他的评论中针对这个片段写道："有没有可能，对大多数人来说，内部言语是暂时被压缩的，但只有很少部分的（DES）被试会注意到这个现象，因为它似乎不是很匆忙？"

如果你考虑到内部言语是如何发展的，这个结论就很好理解了。维果茨基提出，语言在内化时会发生变化，这就解释了为什么雅典娜的自言自语具有简化的、像短语一样的特点。维果茨基认为，简化能够以不同的形式发生。在最简单的形式中，简化意味着减少语法（回想一下雅典娜说的是"两辆车"，而不是类似于"我需要两辆车"的话）。但其他更复杂的变化也能发挥作用。维果茨基描述了在内部言语中，一个单独的词如何能够拥有与众不同的含义来替代之前那个更普通的词，或者它如何与其他词相结合，形成拥有多重意义的混合词，甚至一个词代表了一整篇文章（维果茨基举的一个例子是，像《哈姆雷特》那样只有一个词的文学作品标题，可能在读者脑海中就代表了一整部作品）。

所以，内部言语不仅仅是不用动嘴的外部言语。有时它被压缩，是我们大声对自己说的话的短语版本；其他时候，内部言语的压缩更像是意思的浓缩。我们的一位 DES 参与者露丝在汇报一个关于她女儿欠她钱的想法时，描述了类似的现象：我的确需要翻阅所有的发票把她欠我的每一笔钱加起来。内部言语用的似乎是她自己自然的语言，但它不知为何感觉比正常说话要快。"它似乎仅仅是正常说话的声音，"露丝告诉我们，"但它有点儿被压缩了。"

如果内部言语的压缩能够解释露丝内部言语与自然语言的语速互相矛盾的现象，那么它同样可以解释一位科学家的预估：内部言语在我们脑海中闪过的速度是正常说话速度的 10 倍。俄亥俄州伍斯特学院的心理学家罗德尼·科尔巴（Rodney Korba）要求志愿者在脑海中无声地解决问题，在此期间，他测量用来产生口头语言的发音肌（嘴巴和喉咙）中的电流活动。科尔巴要求志愿者汇报他们在解决难题过程中对自己说的想法，并比较他们内部言语实际花的时间和把这些想法大声说出来花的时间。参与者的内部言语的速度似乎是估计的外部言语速度的 10 倍，科尔巴就此算出，正常内部言语的速度快于每分钟 4 000 字。

考虑到内部言语的这种高效所带来的显而易见的好处，压缩式内部言语可能是我们自我对话的常态。然而，有时我们的内部言语可以像是充分扩展的对话，两边的对话都以生动的细节展开，几乎就像我们与自己进行了一场大声的辩论。罗素的一项 DES 研究记录了参与者本杰明在注意到一位迷人的女士时是如何在餐厅里用餐的。他的内部言语像这样展开："为什么你让我注意到这个女人？"一个平静的语调给了答案："她很漂亮。"对此他自己冷淡地给了回应："啊哈！"（以一种这就是在瞎扯的语调）。

我认为两种内部言语——我称为压缩式内部言语和扩展式内部言语——之间的区别是很重要的，原因之后就会清楚了。对维果茨基而言，从压缩式言语思维到内部言语完全展开的过渡就像"一片挡住了像雨点般的词汇的云"。至少，他的理论让我们对"脑海中的语言是单一的"这一观点产生怀疑。如果自言自语具有不同的作用，它同样有可能通过不同形式展开。而且孩童时期语言内化的过程也表明，根据其压缩和扩展的程度，内部言语的本质会发生改变，甚至在成年时期也是如此。

时至今日，我们仍未详细了解内部言语如何在这些方面发生变化。直接让人们讲出来是研究这种体验的一种方法。让参与者汇报他们的信念、体验、想法、感情以及态度，广泛采用的是一种被心理学家称为自我报告法（self-report instrument）的方法，它是描述特定现象的一张表，参与者可以根据与自身体验的相符程度来选择支持或不支持表中的描述。

这个方法被运用到关于内部言语种类的首次系统性研究中。我和我的研究生西门·麦卡锡－琼斯（Simon McCarthy-Jones）向一群作为样本的学生提供了一张表格，表格上是关于不同种类可能的内部言语的叙述，并要求他们说明每项叙述与他们实际情况的符合程度。比如，其中一项是这么写的：我用简洁的短语和单词而不是完整的句子进行思考——在我们看来，这就是压缩式内部言语的体验。随后，采集到的数据被用于名为因素分析的统计方法中，分析表明我们自我报告的项目集中在 4 种主要的内部言语类型中。

我们把这些要素命名为对话型、压缩型、他人型和评估型。顾名思义，对话型要素与人们能在多大程度上感受到他们内部言语的不同观点之间存在对话形式有关。压缩型要素抓住了内部语言有时候会被压缩和简化的特点。与他人型要素有关的是，少部分人（大约四分之一）倾向于表示自己的内部言语中他人的声音占突出位置（与此要素直接关联的是"我听见他人的声音环绕在我脑中"）。评估型要素与人们汇报他们的内部言语在评估和激励自我行为中所起作用的程度有关。比如，这类人可能会支持这条陈述："我用内部言语来评估我的行为。例如我对自己说'那太好了'或者'那太蠢了'。"

在另一项研究中，我们解决了一些之前提到过的密歇根大学的研究提出的关于无声自我对话属性的问题。回想一下，用名字或者第二人称指代自己，让密歇根的参与者在控制情绪和调节他们在压力下的行为方面产生优势。尽管如此，安娜堡分校的研究者没有真的去检测内部言语；他们要求志愿者运用不同种类的内部言语，并且做了一些检查来验证他们是否违反了要求。在实验任务刻意的限制之外，内部言语中像这样转换观点的频率有多高呢？

我们中的一组人以澳大利亚悉尼麦考瑞大学为基地做了一项研究，就普通人和被诊断为患有精神分裂症的病人的内部言语进行了访谈。我们发现，用名字称呼自己的人（大约一半的参与者报告他们会这么做）或是用第二人称称呼自己的人（又有大约一半的参与者运用了这种自我对话），两组的内部言语没有区别。在内部言语中使用这些"疏离"的方式胜过使用第一人称，这被视为比密歇根大学的研究更不具适应性；两组中都有大约四分之三的参与者表示，他们倾向于在内部言语中用"我"指代自己。在不同时间内运用两种内部言语的指代方式是很有可能的，而且第一人称、第二人称和第三人称的形式可能在每天的内心体验中都会出现。在之后的调查中，我们给大约 1 500 人提供了关于内部言语的叙述，其中有一项运用第二人称（"你"）来进行描述。大约一半的参与者表示，他们会用这种方法指代自己（频率介于"经常"和"总是"之间），这表明密歇根大学的研究者所认为的更有益于心理健康的内部言语形式已被广泛使用。

内部言语运用不同方式表现自己，这一观点同样得到了罗素·赫尔伯特 DES 研究的印证。在一篇 2013 年的论文中，罗素及其同事回顾了近 40 年内关于内部言语的 DES 的研究成果。他们描绘了一种神奇的体验。内部的自我对话和大声说话一样，能传递多种情绪，比如好奇、愤怒、感兴趣或无聊。它们伴随一系列身体反应而生：有些人感觉内部言语从他们的躯干或胸腔中生出，其他人感觉它由脑中产生，有时甚至感觉由脑部的特定部位（脑前部、后部或侧面）产生。内部言语可以针对自己、其他个体或者不针对任何人——而且它甚至能用其他人的声音发声（问卷统计结果支持了这些结论）。一个参与者听见他朋友说"我们吃饭前去体育馆"，与此同时在他自己的内部言语中重复了这句话，但是是用他朋友的声音。换句话说，他感受到了关于"我们吃饭前去体育馆"这句话的两股相差了大约半秒的重叠的意识流。第一股被他朋友大声说出，第二股是内心的想法，它带着相似的发声特点产生于自己的内部言语中。

内部言语的种类并非仅此而已。DES 方法的观察表明，人们能在几乎同一时间内自我对话和大声说话，而且有时思考的内容与他们外部声音所说的截然不同。就像电影《偷听女人心》中达西这个角色，一个参与者与朋友商量一起吃饭，她一边等着轮到她说话，一边在想"我们去汉堡王"。然而，她嘴里说出来的却是"我们去肯德基"。在"哔"声响起的那一刻，她没有对自己所说与所想的不一致感到奇怪，几秒钟之后她才注意到差异（带着一些震惊）。

在其他方面，DES 方法描绘了一幅与维果茨基提出的理论不同的内部言语的画面。正如我们看到的那样，罗素的调查表明，内部言语远没有一些研究者提出的那样无所不在，作为样本的瞬间中仅仅只有 23% 证实了内部言语的存在。不仅如此，罗素的数据表明，内部话语的简化不像维果茨基理论中预期的那么普遍，虽然我们有理由认为，DES 可能低估了压缩型和对话型内部言语发生的频率。罗素的研究提醒我们，声称人们一直在对自己说话是夸张了，有些人似乎完全没有内部对话。我们研究内部言语的每个方法都有其局限性，充分理解这个现象要求我们不再关注容易出错的自我报告，而是专注于报告之下蕴含的心理过程。如果我们期望获得有关内部言语体验更清晰的观点，还不如去挖掘它如何与我们产生的其他种类的语言相关。

***

　　我们绝对都会做的一件事情（除非我们在说口语时有特定的困难）是进行外部言语。我们在脑海中听到的声音与我们对外大声发出的声音之间有什么关系呢？伴随语言内化的转变意味着两者从根本上不同，维果茨基的这一假设是正确的吗？如果内部言语真的由外部言语发展而来，研究两者之间的关系应该能给这两个方向提供信息。

　　首先，让我们回到行为学家的研究中。约翰·布罗德斯·华生的观点是，内部言语不过就是外部言语的一种，只是除去了大部分由舌头、嘴唇和发音肌产生的发声肌肉活动。"思维过程，"他写道，"实际上是咽喉中的运动习惯。"思考就是调低了音量的说话。相反，维果茨基认为内部言语在大脑中有所变化，它拥有外部言语的一些特点，但绝不仅仅是外部言语的无声版本。

　　从某种层面上来说，华生的观点可以轻易被推翻。不能动用发音肌的人不会忽然丧失思考的能力，正如 1947 年一项麻痹学研究结果表明的那样，一位参与者被沾有神经毒液的毒箭（暂时）麻痹时，他不会丧失思考能力。华生观点更可信的版本被称为运动模拟假说（motor simulation hypothesis），该观点认为内部言语在很多方面与外部言语相似，因为它本质上用的是和外部言语一样的方法进行准备的；内部言语只是没有实现最终的发声环节。当你思考一个想法时，为了让你将想法大声说出来，你的大脑会做任何事，只是少了指挥你的发音肌把它说出来这一步。

　　这给心理学家提供了一个可供研究的有趣假说。如果运动模拟假说是正确的，内部言语将与我们日常外部言语的语调、音色和口音存在相同的特质。比如，如果你用威尔士口音说话，你的内部言语应该亦是如此。如果发生了像内部言语"转入地下"那样重大的变化，差异最终可能会胜过相似之处。

　　目前为止，两方都有相关的研究证据。有些迹象表明，运动假说观点在内外部言语的相似之处方面可能是正确的。来自诺丁汉大学的鲁丝·菲利克（Ruth Filik）和艾玛·巴伯（Emma Barber）进行了一项最新研究，他们要求参与者在脑海中默念五行诗。例如：

　　　　　巴斯（Bath）的小妞想跑步，
　　　　　没留神摔在了大马路；
　　　　　教练要求严，
　　　　　小妞没选上，
　　　　　教练最后相中凯斯（Kath）。

　　另一首五行诗这么写道：

　　　　　巴斯 (Bath) 有位老太太，
　　　　　对着儿子把手招；
　　　　　儿子打开门，
　　　　　撞到好哥们儿，

　　格里、西蒙和加斯（Garth）。

　　五行诗显然能起到作用，因为最后一行与第一、二行押韵[*]。如果弄乱了押韵，就不是五行诗了。但两个单词是否押韵取决于用什么口音读它们。关键的一点是，一些参与者有北方口音，元音很短（"巴斯"与"凯斯"押韵），但其他人是南方口音，元音长（"巴斯"与"加斯"押韵）。通过记录志愿者的眼球运动，研究者表明，当五行诗的最后一个字和志愿者的口音没有构成押韵，读诗的过程就被扰乱了——比如，当南方人先读"巴斯"然后读到"凯斯"的时候。

　　这些研究结果证实了内部言语的确是有口音的——大概也有我们口语中的其他特质。正如罗素的 DES 研究所表明的那样，内部言语拥有外部言语的许多特点。内部言语通常拥有说话人自己的声音、带有其特有的节奏、语速、语调等。另外一方面，结巴的人经常报告称，他们的内部言语是完全流利的，这意味着内部言语中不存在任何与口头语言中相同的阻碍。

　　另外一种验证内部言语是否有外部言语那样的丰富性的方法是，让参与者念难说的材料，比如绕口令。绕口令起作用的原因是它们把相近的单音节（基本的发声单元）放在一起，因此很容易搞混，比如，任何女零售商人都会告诉你，她是不是在海边卖贝壳[†]。我们大声读绕口令的时候，显然会磕磕碰碰，但如果我们在

----

[*]　此处押韵均是按英语读音。——译者注

[†]　此处原文为：if she sells seashells by the seashore.——译者注

内部言语中默念它们的话，是不是也有同样的问题呢？

来自伊利诺伊大学厄巴纳－香槟分校的盖瑞·奥本海姆（Gary Oppenheim）和盖瑞·戴尔（Gary Dell）做了一项简单的研究来验证这个观点。他们着手于鉴别两种可能在语言中出现的错误——词法错误和语音错误。词法错误包括类似于混淆完整的单词的错误（我能想到的一个经典的首音误置是"上帝是一只正在推挤的美洲豹"*）。相反，语音错误包含混淆单个语音（比如把 reef 读成 leaf）的错误。两种错误都会发生在口语中，但它们是否会以同样的方式困扰内部言语呢？如果运动模拟假说是正确的，内外部言语应该同样有可能出现这两类错误。如果内部言语在单个语音的层面上没有外部言语那么丰富——维果茨基认为这大概是因为内部言语有压缩和简化过程——你就可以预计人们在内部言语中会显示出某些词法错误，而不显示语音错误。

伊利诺伊大学的研究者通过让参与者大声说出或者在心中默念 4 字绕口令（如 lean reed reef leech）来验证这个观点，如果他们说错了就停下并报告（比如把 reef 说成了 leaf）。绕口令是经过谨慎设计的，以便研究者控制词法（字词）和语音（声音）的相似性。数据表明，两种错误都会出现在外部言语中，但只有词法错误会发生在内部言语中。奥本海姆和戴尔得出结论，内部言语相较于外部言语来说是贫瘠的，在单个语音层面展现出了更低的丰富性。这是因为内部言语缺少这些特点，还是因为内部"听觉"

---

* 此处原文为：The Lord is a shoving leopard.——译者注

机制对这些特点不敏感，仍是一个悬而未决的问题。

另外一组来自爱丁堡大学、由马丁·科利（Martin Corley）带领的研究者认为，这可能与后者有关。他们主张，没有在内部言语中出现语音相似错误的一个原因是，对参与者而言，这种错误很难被注意到。为了验证他们的观点，他们重复了伊利诺伊大学的实验，但他们一边播放粉红噪音——白噪音的一种——一边让参与者念绕口令，使他们在大声说话的情况下更难发觉自己的错误。这个变化消除了内外部言语之间的差异。在所有的情况下，在内部言语中念绕口令显示出了独特的语音相似性错误（reef与leaf的错误），这与奥本海姆和戴尔的发现形成了极大的反差。

内部言语是否和外部言语一样表现出相同范围的语言特点，对此仍众说纷纭。问题之一是，所有这些实验都包含为产生外部言语而刻意设计的人为场景，不可能激发出填充我们每天思考的那种自发性的内部言语。另一个问题是，这个领域的几个实验都要求参与者从屏幕上阅读材料。我们在后面一章会看到，由默读产生的内部言语有可能是特例。我们需要试着以更自然的方法获取内部言语的特质，而且这意味着，我们需要对如何要求人们在实验室中产生内部言语更加谨慎。

我们有另一种能够采用的方法来理解内外部言语之间的关系。随着类似于功能性磁共振成像的神经成像技术的发展，我们有机会去观察不同形式的语言产生时脑海中会发生什么。如果内部言语仅仅是没有发声的外部言语，大脑被激活的区域中应该有大量的重叠，而只有与发声过程有关的那些区域会存在差异（这些区域预计在内部言语中不会被激活）。另一方面，如果内部言语在其内化过程中改变了其本质，你大概会看见处于激活状态的大脑区域截然不同。

***

如果从前到后测量的话，由于我的脑袋很大，所以技术人员必须取出一层填充物。我耳朵周围包了更多的填充物，来确保我的脑袋完全直立。粉色的耳塞深深地塞进了我的脑袋里，让我觉得它们一定在中间互相触碰。我脱去了鞋子，但这不是瑜伽课或冥想课。今天我们试行一种新方法，即在磁共振成像扫描仪中观察内部言语。从本质上来说，我会成为验证我们新实验能否成功的小白鼠，这样我们就能在其他志愿者身上正式运行它了。

说这是一个特殊的日子有很多理由。这是我第一次观察自己的大脑——也是第一次任其他人观察它。事实上，鉴于我的大脑任劳任怨地工作了 40 多年，它已非常出色了。这是我第一次有机会亲身经历多次在期刊论文和新闻报道上读到的过程。大脑扫描是不可能通过任何普通的方法描述的；你不能在扫描仪里放一部相机来记录，因为相机里含有金属，而使这台扫描仪得以运动的磁铁的磁力强到可以把沙发里的零钱给吸出来。你将再也不能看到参与过神经成像实验后的人的自拍照。如果你想知道这个过程是什么感觉，你必须亲自去经历。

第一次进行大脑扫描的人的情绪多以焦虑为主。即使被仔细盘问过体内是否有任何带金属的物质，我仍然存有顾虑：我曾在不知情的情况下被植入或接入过金属，现在致命的金属小块正在升温，被 3 特斯拉的磁场力拖动，不久就会刺穿我的皮肤。我的视线感觉有些模糊：我的隐形眼镜里肯定不可能含有金属吧？技术员转动镜子时，我看见了电脑文件在投影仪上显示（实验者在隔壁电脑上操作），我产生了一种奇怪的感觉。这感觉就像有人正在摆弄我大脑里的软件。我能在镜子里看见我的前额在遮住脸的罩子后面。这感觉非常科幻。那家伙去哪儿了？为什么没人跟我说话？他们发现了什么可怕的事吗？他们都跑去酒吧了吗？哔哔声和砰砰声传来。这一点都不轻松。实际上，这感觉像《星球大战》里的一场噩梦。听着禁锢住我的罩子上的砰砰声，我感觉自己就像在恩多战役*的某个诡异的娱乐活动中的 R2D2† 里苏醒。

把手放在你头颅的左侧，在耳朵前方有一个小凹槽。你的手指会触碰到大脑的一部分，那里是为人所熟知的额下回，它对语言的产生至关重要。这个区域的损伤会导致语言的产生出现特定问题——布罗卡失语症（以第一位描述它的神经心理学家皮尔斯·布罗卡命名）。大多数功能性磁共振成像研究通过观察内部言语指出，当人们无声地默诵句子时，大脑这个区域会被激活，而且我们预计布罗卡区是最有可能被激活的区域。

更重要的是，我们的设计同样允许我们去挖掘两种内部言语在激活大脑区域方面的区别。现有的神经成像学存在的问题是，

---

* 电影《星球大战》的一个故事情节，发生于《星球大战6：绝地归来》中。——编者注

† 即R2-D2，出现于电影《星球大战》系列中的一个虚构机器人角色。——编者注

它们仅仅把语言视为单一的，而没有充分关注它多样的形式。如果维果茨基关于内部言语形成方式的观点是正确的，那么它大多数时候应该有一个对话式的结构（正如我们所见，这个观点被实验参与者关于他们自身经历的汇报所支持）。这不禁让我们怀疑：如果你让人们在扫描仪中产生更普通的自发性的内部言语，会发生什么？

主导本次研究的是本·艾德森－戴（Ben Alderson-Day），他是杜伦大学"听声项目"中的博士后研究者。"我们希望看看人们在进行内部言语的对话或会谈时会发生什么，"他解释道，"以及这与内部言语更简单的形式相比，可能会有哪些不同。"任务包括两种情况，在每种情况下，我都被要求想象一个包含了某种对话的场景，比如回到我的母校，或者去参加一个工作面试。一种情况是，我必须产生一段内心独白（在回母校的例子中，我必须想象对着现在的学生做演讲）。在另一种情况下，场景是一样的，但这次我必须想象一段对话（不再是在演讲日发表演讲，而是我必须和一位曾经的老师进行一段对话）。场景的基本内容是一致的，唯一的不同之处在于，我是形成了一段内部对话还是更像形成了一段独白。我一读完每个情况的介绍，字迹就淡去了，我只能盯着屏幕上的一个十字符号：在神经成像研究中标准的"凝视点"。

如此设计实验是为了让我们看看，相较于内心独白，对话式内部言语是不是激活了不同的大脑区域。当然，我们应该会看见布罗卡区以及被称为颞上回的大脑的另外一部分有被激活的现象（见图 1）。这个语言系统通常集中在大脑左半球，当人们产生对外的言语时，你一般能看到大脑左半球被激活。但我们认为，任务提供了一种更自然的方法，让人们可以对自己无声地说话，因此催化产生了更接近日常自发性的内部言语。

　　然而，最有趣的是两种情况的对比：尤其是对话式内部言语是否使用了在产生内心独白时没有用到的大脑区域。在神经成像研究中，你通过比较两种情况来回答此类问题，本质上来说，就是从一种情况下的激活中除去另一种情况下的激活。本从对话式内部言语被激活的区域中除去独白式内部言语被激活的区域后，他就能确认与内部对话有关的那些特定的神经区域，特别是在大脑左右半球颞上回及左侧额的中下回的一块区域（见图1）。

　　对话式内部言语在激活大脑方面有些特别之处，因此甄别

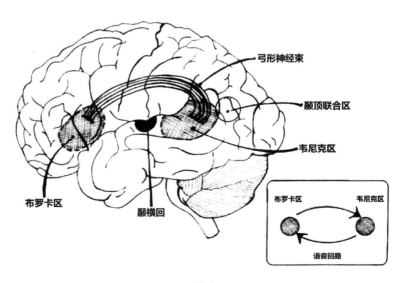

弓形神经束

颞顶联合区

韦尼克区

布罗卡区

颞横回

布罗卡区　　韦尼克区

语音回路

图 1

两种隐秘的自我对话也有了进一步的依据。对话式 – 独白式内部言语的对比显示，尤其是对话式内部言语，在许多被统称为后中线结构的区域中表现出了激活现象，其中包括楔前叶。从之前的神经成像研究可知，存在与思考其他思想或所谓的"心智理论"能力紧密关联的大脑区域。对我们来说，研究这些区域的激活现象是对维果茨基的理论在预测对话式内部言语方面至关重要的检测。

为了理解其原因，回想一下那些自我责备的网球运动员。看起来一部分自我提供评论或指令，另一部分自我将之付诸行动。内部言语的维果茨基式模型指出，内部言语由与他人的对话发展而来，因此它保留了在不同观点之间转换的特点。在雅典娜的内部言语中，她问了自己一个问题（"我在干什么？"），随后就像回答别人提出的问题那样，自己给了答案（"我要造一条铁轨。"）。因此，进行对话式内部言语必须有能力去表达与我们共享世界的他人的想法、情感及观点，也就是心理学家所说的"心智理论"或者"社会认知"。

我们在实验中运用了一种标准的心智理论方法，这让本能够更详尽地验证这个观点。在此任务中，我们给参与者展示了 3 幅卡通连环画，画上描绘了一个简单的故事，参与者必须选择第四幅图来完成这个连环画。任务之一要求说出其中一个故事角色的意图（比如，他手指向某个方向是为了判断火车上是否有空余座位），其他故事没有这种心智理论的部分，而是完全的物理推理（比如画着一个足球砸向瓶子）。比较心智理论和物理推理情况下大脑的激活情况向你展示了推理他人心理状态时，大脑的哪部分会参与其中。

就我们的目的而言，关键在于产生对话式内部言语与推测他人想法时，大脑激活的区域之间是否有重叠。本解释道："我们把与对话联系的区域和与心智理论联系的区域重叠时，有一块区域在两种情况下都明显地被激活：这个区域被称为右侧颞上回后部。它非常靠近心智理论的其中一块关键区域，即颞顶联合区（temporo-parietal junction）的右侧。了解这一点后，我们就有极佳的证据来推断，即使只在内部言语中，对话和会谈也需要在某种程度上涉及他人的想法。"

之后，我们第一次有了些关于对话式内部言语的神经基础的证据。有趣的是，特定对话的激活与参与者在关于内部言语特点的问卷调查中有多大可能报告对话式内部言语有关。越赞成那些项目的人表现出的特定的对话激活越多。这些结果让我们对内部言语的主观体验（在问卷调查中你如何汇报）与产生内部言语时大脑如何运作之间的联系有了惊艳的一瞥。

在某种程度上，自我对话具有社交性，这一点应该是毫无疑问的。在威廉·詹姆斯、查尔斯·桑德斯·皮尔士和乔治·赫伯特·米德的理论中，自我通过采用他人的观点与自己产生对话。米德认为，当我们对他人能扮演的社会角色有了更多的了解时，那些内部对话者应运而生，比如，这意味着运动员能将其教练的角色内化，并用于规范其自身行为。内部对话不仅能帮助我们表现得更好，管理我们的情绪，还能开创一些独特而具有创造性的思维方式，通过采用他人具有批判性和建设性的观点来反思自己的行为。研究结果表明，大脑与自己对话时，心智理论的网络被启用，这恰恰印证了这样一个观点：当我们内化对话时，我们也将他人的想法内化了。我们的大脑和我们的内心一样，充满了声音。

第 6 章

纸上的声音

主教在做些奇怪的事。年轻的政府官员像往常一样前来拜访他——拜访者从不会被拒之门外——希望得到一位听众。主教在教徒中间难得享有平静的时刻，他注意到那位长者正忙着读一本书，但用的是一种不寻常的方法。"他读书的时候，"这位前修辞学老师之后在他的《忏悔录》中写道，"他的目光在纸间掠过，他的心寻求真义，但他的声音和舌头是沉默的……他从不大声朗读。"

安布罗斯是米兰的主教，他在做一件我们可能都会不以为意的事：在脑海中默念。圣奥古斯丁的描述使发生在公元 385 年的默念听起来像不寻常的事。阅读是一项通常会大声进行的活动。一本古典文学著作中说道："一本诗集或一本艺术散文集并不仅仅是现代意义上的文本，而是公众或私人表现的成绩。"读书需要听众，那个历史时期的普遍认知是，阅读的听众绝不只有自己。

奥古斯丁对安布罗斯默读的描述，是对不动嘴就从文本中提取意义的首次详细说明。这对圣奥古斯丁产生了深刻的影响，他之后在米兰的花园中皈依基督教的顿悟，是以他投入默读《圣经》为标记："我很快地拿起它，打开它，默读我目光最先停驻的段落。"安布罗斯的创新，反过来被认为是西方文化发展的关键时刻。读者独自对文本做出反应而不被他人听到，第一次成为可能。作家莎拉·梅特兰（Sara Maitland）这么评论安布罗斯的故事："默读使个人的或者说独立的思考出现。"奥古斯丁自己指出，安布罗斯这么做可能的动机是，如果他大声地表露自己对手边文本的反应，好事的教徒可能会让他详述其观点，从而浪费他宝贵的阅读时间。或者也许他只是在保护嗓子，奥古斯丁指出，嗓子"很容易被损伤"。无论出于多么平庸的考虑，一种处理文本的方法都由此而生，这会对基督教学术及个人与上帝之间的关系产生深远的影响。

默读是否真的由米兰大主教发明还存在大量争议。一些学者详细描述了一些古典时期有关默读的显而易见的例子——如在欧里庇得斯的《希波吕托斯》中，忒修斯似乎默读了一封信——并且指出了仅仅因为人们不倾向于默读，就意味着他们没有默读能力这一假设中的逻辑错误。学者加夫里洛夫（A. K. Gavrilov）表明，与其说奥古斯丁对安布罗斯的行为感到惊喜，不如说他对此感到不安：主教在应该一心一意地接待这个年轻人的时候，继续自己的阅读。确实，无法进行默读与我们对古典文化的认知并不相符。"即便古人不默读，"加夫里洛夫写道，"也不能说明他们对言语及悦耳之声的热爱，反而说明了他们有严重的心理障碍。"为了支持安布罗斯的故事，梅特兰拿出一份公元 349 年的文件，其中告诫女人在教堂中保持安静，文件中写道："安静点儿，即使嘴唇动了，她们说了什么其他人也不应该听见。"梅特兰主张，如果默读在那时已经盛行，那么解决女人喧哗这一问题就会有更简单的办法。

不管历史是怎样的，默读都会发生。大部分孩子学习大声朗读之后，逐渐开始默读，直到他们完全无声地阅读。在脑海中默读比大声朗读的速度更快：视觉代码不需要转换成语音（或以声音为基础的）代码并从中提取其含义，发声阶段被省略，读者可以直接从视觉代码中理解语意，大脑不需要做那么多工作。而且人们的阅读速度越快，表现出的理解能力越好，所以任何加快阅读过程的事情，都应该能提高从文本中提取含义的效率。

但默读也是一门现象学。我记得我还是个孩子的时候，一个老师问我，在读小说的时候是否会在脑中听见角色的声音。我非常确信我给了肯定的回答，而且我知道，当我问我 10 岁的儿子艾萨克同样的问题时，他的回答是一声斩钉截铁的"没错"。默读并不是一项无声的体验。确实，对安布罗斯故事的批评指出，关注文本中节奏和语调的细微差别，需要有跳读上下文的能力，而不仅仅是理解眼前被处理的那段文本。这可能在持续写作时更重要：无句读的写作风格在奥古斯丁时代之前是很普遍的。在任何时期，一种好的阅读体验都需要将无声的和对外发声的文本处理结合起来。

默读促使内部言语或与之类似的东西产生。美国心理学家埃德蒙·伯克·休伊（Edmund Burke Huey）在 1908 年的文章中指出："虽然内部言语在有些读者脑海中并不显著，而且它在我们大部分人脑中是被缩减且并不完整的，但可以十分确定的是，在脑海中听见或读出阅读的内容，构成了目前大多数人阅读过程的一部分……虽然内部言语是日常生活语言的简化和缩略形式，是对日常语言的复制，但它却没有保留日常语言的本质特点。

默读产生的语音（或以声音为基础的）表达是具有内部言语的声音，还是更加抽象，对此，一些心理学家做出了调查研究。来自亚利桑那州立大学的玛丽安·阿布拉姆森（Marianne Abramso）以及史蒂芬·戈尔丁格（Stephen Goldinger）要求参与者读各种词和非词，这些词元音的长度不同，读它们花的时间也不同。比如，ward 是长元音词，而 wake 是短元音词；labe 是长元音的非词，而 tate 是能被读得又好又快的非词。参与者的任务仅仅是判断这个词是真实存在的还是不存在的。正如预期的那样，参与者判断长元音的词时花的时间更久。这表明，为了做决定，他们阅读单词的时候，在脑海中念出了它们。之前提及的在读五行诗和绕口令时出现的口音影响也许也不会出现，除非默读涉及了语言自身的某种无声表现。

与阅读有关的内部言语也时常表现出可视信号。没有人会对孩子通过嘴唇无声地念出单词来学习阅读感到奇怪。甚至熟练的读者在阅读时，也会动动舌头，尤其是当文章有难度的时候。乍一看，这些结果似乎支持了行为学家的观点，即内部言语是由外部言语剥离了肌肉活动发展而来。这并不意味着约翰·华生关于内部言语的观点一定是正确的，因为阅读可能是个特例。这一点值得任何讨论默读现象学的人牢记。心理学家专注于对此类阅读的研究，因为它很容易控制：你能控制参与者的阅读内容，控制提供给他们的指示，等等。但由此产生的内部言语可能与日常自发产生的内部言语看起来不同。这些发现也没有说明，不动嘴巴阅读就代表内部言语没有发生。正如休伊在一个世纪前指出的那样："我自己很少开口阅读，但我不可能不在脑海中读出来，这构成了我阅读的一部分。"

这个观点得到了以人们阅读时的体验为样本的实验的支持。罗素 DES 研究方法的发现与休伊的观点产生共鸣：至少某些人在阅读时对自己说话，他们的体验还伴随着其他事物，比如视觉想象。根据 DES 实验，其他人似乎可以既不依靠意象也不依靠内部言语来处理文字。有关脑损伤的研究也与此有关联。在一位因中风而忽然失语的实验参与者的例子中，内部言语对阅读来说并不是必需的。不能自我对话或不能做出简单的语音判断的病人，却在标准的阅读测试中表现得很出色。然而，值得注意的是，他的阅读速度很慢，他一字一字地阅读——他每读完一个词后，往前盯着看几秒钟，最后他对自己点点头，像是表示他理解了这个词的意思。

我们从五行诗的实验中可以得出，阅读时被激发的内部言语有时是读者自己的声音，带着他们的口音。但是，如果你与作者相熟的话，在内部言语中听到的可能就是作者的声音。我能想到至少一位作家朋友，她给了我一种在读她作品时听见她在大声说话的非常强烈的愉悦感。有一些科学实验支持了我的这个观察。在埃默里大学，心理学家杰西卡·亚历山大（Jessica Alexander）和琳恩·尼加德（Lynne Nygaard）使参与者熟悉两个说话者的声音，其中一个语速慢，而另一个语速快。随后，他们要求志愿者默读某段文章，并且告诉他们这些文章是由两个说话者中的一位所写的。实验发现，志愿者阅读快语速作者的文章的速度比阅读慢语速作者的文章的速度要快，这表明说话者的声音被参与者自身的内部言语所吸收（记住，他们在默读，而不是简单地大声重述说话者的话）。文章难度越大，这种效果越明显。

读者会逐渐了解最喜爱的作者的"声音"，这似乎有些道理。作家确实可以通过其作品的字里行间对读者说话。正如作家、精神分析学家亚当·菲利普（Adam Philips）指出的那样，读者与作家的约定以"无声关系的体验"为特征，这有些奇怪。没有人说话的关系是种什么关系呢？答案是，作家通过他们所写的文字说话，而读者通过阅读聆听。

然而，一般来说，作家并不关心是将自己还是其他人的声音放入读者的脑海中。小说家最有兴趣的声音是他书中角色的声音。其中包括故事讲述者的声音——旁白的声音——或是角色之间互相大声说话的声音，甚至也可以是角色个人的思维过程或内部言语的声音。这是阅读小说的体验如此非凡的原因之一：它让我们脑海中填满了声音。

***

"我是邦德。詹姆斯·邦德。"

耳熟吗？当然。你毫不费力就能理解这几个字的意思，而我也可以非常自信地预言，你阅读它们的体验一定附带一个特别的属性。就我来说，读这些句子的时候，在脑海中不可能不听见肖恩·康纳利（Seam Connery）的声音（不同年代的读者可能会听见皮尔斯·布鲁斯南或丹尼尔·克雷格的声音）。当然，我看过很多邦德电影，所以也许并不奇怪，我一看见 007 的经典台词就触发了男主角说这句著名台词的声音。但这种角色声音的感官激活似乎也是阅读小说体验的重要部分。

许多读者说，他们读小说的时候会听见角色的声音在脑海中回响。在英国《卫报》的帮助下，我们把超过 1 500 人作为样本，询问他们在阅读时是否在脑海中听见小说角色的声音，大约五分之四的人承认听见了声音。七分之一的人说，那些声音和人真实说话的声音一样生动。一些读者说，他们很早就会主动地为角色创建声音："通常在故事早期，我的大脑就会为我感觉会大声说话的角色寻找一个声音。有时，我会把对话读出来以创建角色的声音。"对于其他人来说，没有听见"声音"就意味着这本书不适合他们："我总是听见书中角色的声音，如果我听不见的话，通常是因为我对那本书不感兴趣。"其他读者报告的体验就没有那么多声音了："我通常只是听见自己的内部声音……我也没有对角色了解得很清楚。一般情况下，我觉得我给角色指定了一些模糊的特质，并从记忆中汲取背景。"

新泽西费利西安学院的心理学家卢凡妮·维尔郝尔（Ruvanee Vilhauer）证实了这些对阅读过程中不同反应的发现。她求助于雅虎问答网站，并搜寻人们在阅读时听见"声音"的帖子。她找到了160 个问答，并对其进行了被社会科学家称为内容分析的研究，分析包括一个识别主题的系统过程，这些主题出现在一系列文本中。在我们的研究中，大约 80% 的读者帖子表示听到声音，这些声音通常具有说话的特性，比如带有身份、性别、音调、音量及情绪语调等特性。这些声音有时被认为是读者对提问人可能如何说话的想象，有时是回帖者自己的内部言语。对一些读者来说，他们听见的声音是他们自身内部言语的特殊版本：一种特别的"内部阅读"的声音。"是的，我听见了自己的声音！"一位打字很快的雅虎用户这么写道，"但我脑海中的声音听起来并不像我自己说话的声音。"一小部分人报告，他们内部阅读的声音不受控制，甚至令人心烦："我无法集中精力阅读，因为我没办法让声音消失——它让我心烦。这最近真的成了一个问题，因为这几乎就像我得了阅读恐惧症，因为我无法忍受阅读的时候清楚地听见自己脑海中的声音！"这项体验有时候令人非常不愉悦："比如当我试着阅读的时候，却听见一个声音在我脑海中将它大声读出来，或者当我觉得我能听见自己在想什么的时候。我也可以和这个声音对话……这个声音时不时地会冒出可怕的想法。"

　　成年人会听见虚拟角色的声音，这同样也适用于我 10 岁的儿子。小说家运用两种主要的方法来描绘故事中角色说的话。他们把角色说的话完全表达出来，通常以引号为标志——这被称为直接引语。或者他们可以间接地表达语言，即所谓的间接引语。区别在于句子的写法不同，一种是，玛丽说："比赛很精彩。"另一种是，玛丽说比赛很精彩。

　　心理学家表明，直接引语通常比间接引语更加生动。斯坦福大学的伊丽莎白·韦德（Elizabeth Wade）和赫伯特·克拉克（Herbert Clark）要求参与者汇报一段别人进行的对话，并要求他们要么把它描述得有趣，要么只是信息准确。当参与者试图增加趣味性，而不仅仅是传递信息时，则更有可能选择直接引语作为其描述方法。

格拉斯哥大学的研究者提出了"人们在阅读这两种引语的时候，大脑中会发生些什么"的疑问。假设我们阅读间接引语时，只处理其意思；而阅读直接引语时，在脑海中读出说话者的话，心理学博士姚博（Bo Yao）和同事基于这个假设着手实验。与预想的一致，格拉斯哥大学的研究者发现，参与者在听直接引语和间接引语时，大脑被激活的区域不同。具体来说，听直接引语使右听觉皮层区域（位于大脑颞叶）有更强烈的激活反应，而众所周知右听觉皮层对处理声音至关重要。两种引语不会以相同的程度呈现被描绘的语言。实验结果为观察提供了神经学基础：直接引语比间接引语给人的体验更生动，因为它激活了体现声音特性的大脑区域。

在第二个研究中，格拉斯哥大学的研究者在参与者听直接引语或间接引语的时候，重复了这种激活差别。为了确保差别不是因为大声读直接引语听起来更有趣或更令人兴奋而产生的，研究者保证两种引用都是以单调的读书声读出。相较于间接引语，直接引语的大脑激活区域与之前研究中大脑的激活区域几乎相同，这表明即使没有声音刺激，大脑仍然充满了丰富的类似于声音的信息。这个结果支持了同一组研究者之前的发现，当人们认为引语来自一个说话语速快的人，他们阅读直接引语的速度更快（相较于语速慢的人），但间接引语则不会引发这种效应。我们在阅读直接引语时，似乎的确是以类似说话的方式读出内容，即使我们的嘴巴并没有动。

我们对特定声音的熟悉程度会影响那些声音在脑海中默读时的感知，其他研究对此观点表示支持。由华盛顿大学的克里斯托弗·科尔比（Christopher Kurby）带领的一组研究者为参与者提供 19 世纪 50 年代广播剧《斗嘴人》（*The Bickerson*）里的台词，其中包括剧中已婚夫妇约翰和布兰奇·毕克森（Blanche Bickerson）之间的对话。参与者先听由演员重新演绎的台词录音，随后阅读涉及相同角色的同一个或不同的剧本。在随机的间隔内，阅读过程被一个听声辨词任务所打断，任务包括用其中一个角色的声音读一个单词（这个任务只是让志愿者判断这个词是否真实存在）。任务的基本原理是，如果布兰奇的声音（比如）对读者来说已经被激活，那么相较于声音不匹配的情况，如果辨词实验用布兰奇的声音来进行，志愿者的反应更快。

这正是研究者所发现的。如果用他们刚刚听到的声音读出测试的单词，参与者做出判断的速度更快。但这个效应仅仅出现在参与者阅读他们之前听到过的被大声演绎的剧本中，而没有出现在参与者阅读有相同角色声音的新剧本中。需要听多少遍声音，读者才会唤醒他们自己大脑中声音的版本，并把它转换成他们没有实际听过被大声读出的一段对话呢？在后续的试验中，研究者证实，这个效应会出现在不熟悉的剧本中，但只有在参与者听了足够多的声音之后才会出现。他们总结道，读者一直接触角色的声音，对声音的记忆就会根深蒂固地存留于大脑之中，当参与者默读角色的对话时，记忆就会被激活。

但这给我们带来了一个难题。如果阅读小说中的对话真的能激活我们内部言语中角色的声音，那么在真实情况下从没有听见过的声音也一定是这种情况。在理查德·耶茨（Richard Yates）经典的《革命之路》（*Revolutionary Road*）中，艾普利尔·惠特试图劝说自己的丈夫打包行李，搬去欧洲。虽然她是虚拟的角色，我也从没有看过由这本书改编的电影，但我却能在脑中构想出这副生动的画面。在某种程度上我听见的声音一定是我自己的创造，我一定创造了它并用我自己的内部言语表述。正如我们所知，对使创造成为可能的东西的寻求，告诉了我们作家如何创造填充在纸上的声音。

来自纽约州立大学宾汉姆顿分校的丹妮尔·刚罗杰（Danielle Gunraj）和西莉亚·克林（Celia Klim）采用的一种方法是，给读者提供他们从没有听过的声音的信息，但不让他们听到这个声音。当把声音的主要特点描述为语速快时，参与者阅读角色对话的速度更快。这与之前关于语速转化为阅读速度的研究结果相符。但宾汉姆顿分校的研究的重要不同在于，参与者确实没有听见角色语速很快地说话；他们只是通过文章对声音的描述，被告知语速快的说话风格。虽然这个效应体现在大声朗读中，但它仅仅适用于要求读者站在角色的角度，用他们能在脑海中听见角色声音的方法去默读文本。这表明，说话者声音的听觉意象不是自动创造的，需要激活读者那一方。研究者认为，阅读小说时，对角色注入感情也许能够充分保证这种效应，这也解释了为什么在看到一本喜爱的书翻拍成电影的时候，我们有时候会感到失望：因为他们把特定角色的声音"全部弄错了"。

不过，小说家不仅注重描述其角色大声说出的语言，还会告诉我们其角色的想法。这种写作手法融合了内部想法的表达与标准的叙述话语，被文学家称为"自由间接文体"（free indirect style）。比如在居斯塔夫·福楼拜的《包法利夫人》中，角色的想法与叙述的声音完全融合：

> 她一直自言自语："我有了一个情人！一个情人！"她为这个想法感到欢欣雀跃，仿佛回到了青春妙龄。她终于体会到了她原以为无缘享受的爱情的欢愉、幸福的狂热！她进入了一个只有激情、狂欢和心醉沉迷的美妙世界。

在这里，对女主角的描写使用了一些直接引语，但后面有她的想法。至关重要的是，作者没有把思考脉络的框架用通常的标志（"她想"等）表达出来。看来，他让读者认为我们仍然处在包法利夫人的角度，作者在描述她的想法时，没有用笨拙的方法去突出角色的想法是什么以及叙述者的想法是什么。

时至今日，仍然没有实验调查表明，读者处理这类内部言语的描述时，是否会像直接引语那样在脑海中形成声音。毫无疑问，将角色的内部言语与普通的叙述语言融合，是小说家使其单调的文章变得生动起来的方法之一。人们经常说些与他们所想相反的话，而作家对此乐在其中（回想一下 DES 参与者脑中想着"汉堡王"而说出口的是"肯德基"的例子）。小说中的角色可以安稳地过着他们内部生活，心里知道他们的想法不会被与他们对话的角色听到。偷听这些相互矛盾的信息是阅读小说的欢乐之一。

但是，内部言语的私密性会在一些虚拟世界里受到威胁。在奇幻的世界里，听见他人的想法对人与人之间的关系会是灾难性的，作家可以从中提取故事——和《偷听女人心》里，尼克·马歇尔获得了可以听见他同事心理活动的能力时一样。小说家派崔克·奈斯（Patrick Ness）在其《混沌行走》（*Chaos Walking*）三部曲中，虚构出了一个可以听见想法的世界。意识流汇聚成了一种可感知的多媒介集合而成的意识，它被称为"噪声"。"声音碰撞击打，聚合成了一大堆集合声音、思想和画面的混沌之物，而且在大半的时间里它是不可能被理解的。"在这个虚拟世界里，可以听见人在想什么。"没有过滤，人就会听见噪声，不过滤的话，人就是在混沌中漫步。"托德发现了一个住在野外沼泽里的女孩，她似乎形成了自身对噪音的解药，这是他吃尽了苦头才了解到的。托德担心自己会将细菌传染给这个女孩，这种细菌导致这个世界里的人想法会被听见；而问题在于，他没办法让这些担心不被别人听见，因此也没办法不让女孩知道他被感染了。

有时，内外部之间的紧张能通过更巧妙的方法解决。艾姆·侯赛因（Aamer Hussein）是一位巴基斯坦作家，他的小说里经常充满着内外部言语的紧张感。在其令人难忘的短篇小说《另一棵高莫哈树》(*Another Gulmohar Tree*) 中，侯赛因讲述了一个乌尔都语使用者乌斯曼的故事。他努力将自己内心最深处的想法转换为他说英语的妻子能够理解的形式："她发现自己经常想，就像以前经常做的那样，他是否将自己犹豫不决、反复斟酌的短语从自己的语言中翻译过来了；他说的话像说之前就被写下了一样。

在乌尔都语中，内部言语被称为 *khud-kalami*，也就是自我对话。由于语言深深根植于其古老的文化传统中，用乌尔都语在脑中思考与用英语思考的感觉截然不同。它更诗意，也更贴近文学。语言中语法结构的不同，也意味着在乌尔都语中内外部言语的差别没有英语中那么大。对于像侯赛因那样的双语小说作家，语言的转换创造了一种与内部言语不一样的关系："当我开始用英文写作的时候，我发现我的故事都非常内化；它们往往是关于人们安静的思考，这样一来，对话或任何种类的外部活动都以回忆、想法或者侵入等形式出现……而这种对内的模式在乌尔都语中非常容易操作。"侯赛因向我解释说，乌尔都语中有能够标记叙述到内部言语转换的语言工具，这种转换在英语中是不可能实现的，它让作者不需要现代主义的手段就能将内心独白与外部活动相融合。

另一种将想法与语言融合的方法是使用标点符号，比如引号，它通常能在纸上将想法和语言区别开来。在 20 世纪早期，詹姆斯·乔伊斯 (James Joyce) 将引号轻蔑地称为"反向的逗号"，并以换行符和破折号取而代之。当代美国作家科马克·麦卡锡 (Cormac McCarthy) 不再使用引号，让读者去判断什么是大声说出来的话语，什么是内心的想法，而什么又是作者的叙述：

> 他们脱下背包，放在露台上，边踢开门廊上的垃圾边往厨房走去。男孩牵着他的手。他对这所房子记忆犹新。……这儿是我还是孩子时过圣诞节的地方。他转过身，看向院子里的一片荒芜。一团枯死的丁香，像灌木丛的形状。

有关内外部声音的尝试在弗吉尼亚·伍尔夫（Virginia Woolf）和詹姆斯·乔伊斯等现代主义作家的作品中达到高潮。乔伊斯在他1922年的杰作《尤利西斯》中，运用自由间接文体，并将小说角色奥波德·布卢姆的直观想法融入了传统的记叙体之中。下文是对他走出与妻子莫莉一起住的房子去商店的描述：

> 不，她什么都不要。这时，他听见一声深深的热乎乎的叹气。她翻了翻身，床架上那松松垮垮的铜环随之叮当作响，叹气声轻了下来。真想把铜环修好。可惜啊。还是从直布罗陀运来的。她那点儿西班牙语也忘得一干二净了。不知道她父亲在这张床上花了多少钱。它是老式的。啊，对了！当然了，这是在总督府举办的一次拍卖会上买下的。没几个回合就拍下了。老特威迪在讨价还价方面还真是精明。是啊，先生。那是在普列文。我是部队出身的，先生，而且对此很自豪。他很有头脑，竟然将邮票生意垄断了。这可真有远见。

乔伊斯的文章在这里毫无痕迹地从传统的第三人称叙述，转向对布卢姆内心想法的生动描述。但他文章中内部言语的描述不像福楼拜的作品那样以外部言语的内化版本来表达。这里内部言语发生了变化。它被简化和压缩了，像孩子的自言自语。它包含了情绪表达和对自己的指示。它是对话式的，布卢姆自问自答婚床的出处。它甚至包含了他岳父老特威迪的声音，其中讽刺地引用了他在军队中晋升为上校时所说的话。在乔伊斯的作品中，内外部言语之间的界限变得模糊。外界融入想法中，想法也向外界延展。

有充分证据证明，伟大的现代主义作家痴迷于个人的心理以及如何在纸上对其进行描述的艺术挑战。然而，早在福楼拜和乔伊斯之前，作家就已经开始留意内部言语的对话特性了。杰弗雷·乔叟（Geoffrey Chaucer）的早期诗作《公爵夫人之书》（*The Book of the Duchess*）叙述了一个关于神秘黑衣骑士的梦境，黑衣骑士似乎通过忧伤的内部对话悼念死去的挚爱："他不说话 / 自己内心挣扎 / 他颇受争议的命运 / 他的生命为什么要继续，要怎么继续。"英国文学史上第一部长篇小说中的角色鲁滨逊·克鲁索（Robinson Crusoe）与自己内部言语对话的声音，使他独自一人的生活"胜过与人社交"。丹尼尔·笛福（Daniel Defoe）的这部小说出版后的一个世纪，夏洛蒂·勃朗特（Charlotte Bronte）的角色简·爱经常在脑海中自己盘算：

我想要什么？新的地方，新的房子，新的面孔，新的

环境……到了新的地方，人们会怎么做？我猜他们会求助朋
友……我要让我的大脑很快地找到答案。大脑越转越快，我
感觉我的大脑和太阳穴里的脉搏在跳动，但大脑在近乎一个
小时内仍一片混乱……

作家通过不同的手段往我们大脑中填充声音。他们让小说中
的角色大声说话，而这些角色利用我们在自己脑海中重组声音的
能力进行表演，有时我们甚至不需要听见它们说出来。作家也可
以偷听他们角色没有说出来的内心想法。他们向我们展示外部对
话中的思想和内部对话中的虚构人物。小说中内部言语的描述，
尤其是在纸上竭尽所能地重塑内部言语的现代主义大师的笔下，
无可比拟地详尽说明了，当他们设法描绘想法时语言发生的变化
及内部言语的特点，而这些内部言语违背了其在日常人类交流中
的初衷。

在某种意义上，那些被表达出来的声音是作家主要的写作材
料。在一次采访中，小说家大卫·米切尔（David Mitchell）将其
职业描述为一种"可控的人格障碍……为了写作，你必须集中注
意力在你脑海中的声音上，并使其互相对话"。文学学者帕特里
夏·沃（Patricia Waugh）写过关于小说家如何利用他们读者内部
声音的力量来创造角色，这些角色的想法和感受会触动读者。我
们在小说中接触到的声音可能会表达出我们的欲望，威胁到我们
的安全，挑战我们的道德，说出我们不能说出的话。它们把我们
带到了一个充满了更多可能的地方，在那里，我们得以转变为其

他的身份。小说家通过对这些虚拟声音专业的控制使我们可控地自我分裂，又把我们安全地带回现实。

这对于一种典型的独自无声的过程来说——也许多亏了米兰的安布罗斯——是一项不小的成就。如果进展顺利的话，阅读小说可以说是与他人的心灵（或想法）最亲密的接触。对多数读者来说，它是令人愉悦的、确信无误的、滋养灵魂的体验。但声音可能会失去控制。对一些人来说，小说中的声音会将我们宁愿烂在肚子里的东西公之于众。用帕特里夏·沃的话来说，纸上的声音带我们"超越了安全的界限"，向我们展示了"意识的复调是不稳定的和谐"。这提醒我们，我们并不孤单，很多人和我们一样。

第 7 章

我的和声

　　你独自坐着，不能动，在一个灯光昏暗的地方，不辨方向。你知道你的眼睛是睁开的，因为眼泪不断从眼中流出。你坐着的时候手放在膝盖上，脊柱没有东西支撑，而且你在说话。一直说话——这大概是你唯一能做的事。你听到的声音听起来有些陌生，但只有可能是你在发声。有时，远不止一个声音。不管是一个声音还是多个声音，它们似乎都能将其意志强加于你，你别无选择，只能聆听。但确实是你的嘴巴在说话。你在听自己说话，但你听见的不是"你"。

　　爱尔兰作家塞缪尔·贝克特（Samuel Beckett）痴迷于个体——在他的一些文章中，我们几乎不能将他们称为人——通过语言构建自身的方法。在其小说《无名氏》（*The Unnamable*）中，创造一段凄凉的独白是无名的叙述者证明自己存在的唯一方法。贝克特式的典型人物在无法交流的情况下被迫去交流，这经常被看作对人际隔阂的一种隐喻。"啊，如果我能在这一切的喋喋不休中找到自己的声音，他们的麻烦就结束了，我的也结束了。"

　　贝克特也痴迷于内部言语。大概在创作《无名氏》的时候，他给朋友乔治·迪蒂（Georges Duthuit）写了一封信，信中说道："你是对的，想要大脑工作的想法是愚蠢至极、邪恶诡异的，就像一个老男人的爱。大脑有更好的事情去做，比如，停下来听自己说话。"无名氏说，他后悔没有多做这类事情，"我没有对自己说足够的话，没有充分聆听自己的声音，没有好好地回应自己，没有对自己足够同情"。

贝克特的作品阐明了人类经验中的一个矛盾之处。为了理解我们是谁，我们创造了关于自己的故事，而且这些故事让我们同时扮演了作家、叙述者和故事主人公的角色。我们就是我们内心声音的不和谐所在。我们听见"声音"，也发出声音，而声音通过它们的喋喋不休构建我们。但脑海中的这些声音并不疯狂，也不病态。叙述学家马尔科·贝尔尼尼（Marco Bernini）认为，无名氏的声音与内部言语的自然发声一致，作者（贝克特）以一种陌生的、不和谐的方式表达内部言语，将它作为一种研究这些内心发声如何与自身结合的虚构实验。

实验之所以能够成功，是因为我们这些更正常的人将自己的内部言语带入了这个虚构的模拟任务中。正如我们在上一章中看到的那样，文学作品拥有引发内部言语的力量，而且让我们发出它的声音。当我们阅读无名氏充满多种声音的内部言语时，我们也会这么做。作为读者，我们运用自己的内部言语去"激活其内容"，在我们自己大脑中运行贝克特的认知模拟。

从维果茨基的观点来看，无名氏丰富的意识就很好理解了。内部言语由与他人对话的内化过程发展而来，自始至终都保持着它的社会属性。作为一个发展中的人，我与他人的对话让我拥有认知系统，这个系统现在可以让我与自己对话，或者让我在构成我是谁的不同声音之间编造对话。我们已经看到，关于人们的内部言语是什么样的研究支持了这个观点。调查对象常常承认，他们的内在谈话拥有对话的结构，而且在对意识流本质的调查中，其他声音会作为一个因素出现。对我们许多人来说，内部言语大量掺杂着其他声音。

这种多声音特质是我所说的"对话式思考"的本质。它不是维果茨基用的术语，但我相信他的作品体现出了这个观点。独立的大脑实际上是一场和声。我们甚至可以说大脑充满了不同的声音，因为大脑从不孤单。声音在社会关系的背景下出现，它们受到这些关系动态的影响。他人的话语会进入我们脑中。这不仅仅是现在流行的我们有"社会脑"的说法，我们从生命的第一天起就与他人接触。这就是说，我们的想法是具有社会性的。我们大脑中包含众多声音，就像一本小说里拥有带着迥异观点的不同角色的声音一样。思考是一段对话，人类的认知保持了许多不同观点之间对话的功能。

这里的"对话"概念有些特殊。俄国文学学者米哈伊尔·巴赫汀（Mikhail Bakhtin）指出，声音总是表达了一种对世界的特别观点：它来自有思想的人，因此它反映了特定的理解、情绪和价值。对巴赫汀来说，对话是这些迥异观点互相触碰的过程。举几个例子，在我们想象的网球运动员的内部言语中，"教练"和"学生"的观点互相评价，互相回应；再比如，人们把他们的内部对话者描述为"忠实的朋友"和"傲慢的对手"。当你发展内部言语、内化对话的时候，你内化了一个让你表达其他观点的结构。这些观点以对话的形式互相作用，这让你的思考有一些特别。

我用心理学家职业生涯的大部分时间，试图研究思考的内涵，并试图创建一个有意义的人类认知基本蓝图的科学模型。无论如何，此处的认知并不包括所有的认知：有意识的大脑会做许多事，这些事不需要协调不同观点的能力，比如心算或根据星体位置航行。但至少有一些大脑的任务看起来需要不同观点的灵活表达。柏拉图、威廉·詹姆斯、查尔斯·桑德斯·皮尔士、乔治·赫伯特·米德以及米哈伊尔·巴赫汀的作品都表达了这个观点，但它却没有在现代认知心理学中得以体现。对话式思维模型就是为了填补这块空白而设计的。

从本质上说，这个理论试图对被称为"思考"的模糊概念进行更加具体的描述。对话式思维模型提出，许多大脑功能——我们大脑能执行的操作——都依赖于实际不同观点之间的相互作用。这其中包括先采纳一个观点，再采纳另一个观点，并在它们之间构建一段对话。对这种类型的思考来说（也许只有这种类型），语言至关重要，因为语言在表达不同观点并使观点互相碰撞方面发挥着巨大的作用。关键在于，对话式思考的发展需要社会互动的体验，在语言的帮助下，思考才得以进行。

这些听起来非常抽象，所以，让我们来看一个更具体的例子：在我女儿搭铁轨的场景中，我听见她对自己说话。这一系列自言自语的重要之处在于，雅典娜对自己表达了不同的观点，并将这些观点带入了相互的对话关系中。她表演了一场不同观点之间的对话。"我在做什么？我要造一条铁轨，然后在上面放车。"这是一段非常基础的对话（毕竟她只有两岁），但确实也是对话。她带进对话的观点以字词的形式呈现，而且观点灵活地互相协调：一种观点"回答"一种观点，就像来自另外一个人。"我要造一条铁轨，在上面放车。两辆车。"那些观点都关于同一件事——她冒出的建造玩具小镇的打算——正如任何好的对话把同样的物体作为其焦点一样。如果你和某人对话，但你们谈论的是完全不同的事情，那你不是真的在进行一场对话。

雅典娜能这么做，是因为她在开始与自己对话之前，与现实中的人进行过真实的对话。她将那些对话内化，把它们完全归为己用，这让她产生了一种认知机制，这个机制使她利用不同观点，让它们提问、回答、互相评论。她的想法拥有一个被我称为"开口槽"的地方以便她将观点搁置在里面，然后对它产生一个对话式的回应。雅典娜可以把任何她喜欢的东西放进开口槽中：她自己的声音，玩伴或父母说的话，或是一个虚构主体的声音。因为她在对话中长大，而且她从一出生就参与其中，所以她可以在脑海中填充其他声音。

这就是我所说的对话式思考。它包含日常语言，或其他一些交流系统，例如，肢体语言。对我们大多数人来说，它基本上就是内部言语，包含内部言语的所有形式。它具有社会性，由我们与物种内其他成员的互动构成，尤其是在婴幼儿时期的互动。这给我们的认知带来了一些非常特别的属性。一方面，雅典娜大声说出的有关铁轨的想法是开放式的，这意味着它不是为了实现某个特定的目标——其他类似心算的非对话形式的想法也是如此，这个想法用于自我调节。没有人告诉雅典娜如何去思考。她自己指挥想法的流动，就像两个人之间的对话不需要外界的指导来告诉它应该怎么进行（这是对话的开始与结束之处完全不同的一个原因）。她与自己的对话具有无穷的创造力。因为在开始之前，它不知道会朝哪里进行，它能提出之前从未有过的观点。在内部对话中，我们可以乘坐想法的列车去往任何地方。

1882 年 7 月阴暗的一天，文森特·凡·高徒（Vincent van Gogh）步穿过山维克街（他在海牙居住的街道）后面的草地，看见一棵枯死的波拉德柳树。他注意到树皮像蛇皮一样有着鳞状的质地，觉得它很适合作为绘画的主题。5 天后，他在给他深爱的弟弟提奥（Theo）的信中写道：

> 我已经画了那棵枯朽的巨大的波拉德柳树，我觉得用水彩来画最合适不过了。一片阴郁的景色——枯死的树长在布满了芦苇的污浊池塘附近，远处是莱茵河铁路公司的汽车棚，那里车轨互相交错；昏暗的黑色建筑、绿色的草地、煤渣地，以及掠过云朵的天空。天空是灰色的，带着一点儿亮白色的边界，云瞬时散开的地方是深深的蓝色。简而言之，我想创造的画是，当一位身着工作服，手拿小红旗的信号员在想"今天天气真阴沉"时，一定会看见和感受到的景色。

　　显而易见，文森特的信里有个主题。他快到 30 岁的时候，才做出要成为一名艺术家的重大决定。在前一年年底与父母产生分歧后，他搬出了在埃顿的家，于海牙设立了一个小工作室。虽然他仍处在住院（对淋病的可怕治疗）和大量混乱关系的恢复期，但文森特仍带着"极大的乐趣"从事自己的新职业。在请求资金支持的同时，他也会给提奥寄去草绘和对他正在创作的作品的描述。在对波拉德柳树的描述中，他评论了自己已经创作好的一幅作品。虽然这棵柳树在之前的信中也提到过，但它之前被描述为一个有趣的物体，而不是作为创作的计划。直到文森特描述他已创作的作品（并附上最后成品的草图），我们才了解他想把柳树作为创作对象的意图。

　　一个月后，文森特给弟弟寄去了一幅描绘秋天场景的素描，他创作于房子附近的郊外：

　　　　昨天晚上，我在树林里忙着画一个挺陡的斜坡，斜坡上铺满了干枯腐烂的榉树落叶。土地是深浅不一的红褐色，树木明暗交错的阴影在地上投下半遮半掩的纹路，使其显得更突出……问题是……要让色彩有深度，表现出土地有足够强的力度与硬度……要保持这个亮度，同时保持浓郁色彩的光泽和厚度……无论树如何影响，你都想象不到能有哪块地毯像秋天夕阳照射下的深褐色那样绚丽多姿。

　　这张草图没有留存下来。虽然同一时期有几幅油画，也有一些类似的树林场景，在这封信里有些不同的是，文森特似乎在创作这幅作品的同时，尽力解决构图的问题（实现足够的色彩厚度和光线管理）。孩童在玩耍的一系列过程中大声思考，和文森特在他进行创作过程中大声评论相差无几。

次年 6 月，文森特发现自己的注意力被一个垃圾场吸引了：

> 这天早上，我 4 点就出门了。我准备画清洁工，或者说我已经开始画了……那个垃圾场真是棒极了，但就是非常复杂和困难，费了我好多功夫……它有些像封闭的划痕，每样东西，甚至前景中的女人和背景中的白马，都必须在与这点绿色的明暗对比中突出，这些东西的上方是一片天空。

几天后，文森特仍旧在思考这幅清洁工人的画中需要些什么：

> 垃圾场的绘图目前已经成熟了，我发现内部像羊圈一样的效果与开阔的天空和阴暗的垃圾场棚下面的光线形成反差：一群正在清理垃圾桶的女人开始展开并逐渐成形。但是，被推前推后的手推车，拿着粪耙在棚子下翻来翻去的清洁工人，这些画面还必须呈现出来，既不失光线的效果，又不破坏整体的褐色色调：相反，画面一定会被光线和色彩强化。

文森特·凡·高的信是非常杰出的文学创作，它们记录了他作为艺术家最敏感混乱时期的作品。从 19 世纪 80 年代早期的信

中，你会看到文森特与自己讨论每一次绘画的需求。的确，这些
有关创作过程的评论对文森特有好处还是对他弟弟有好处，对此
抱有怀疑态度是合理的。这位艺术家利用自己的信——一种手写
的自言自语——来拟定计划，在可供选择的草图和方法之间做选
择，并确认创作仍需要的东西。

后面一个礼拜的信让我们更清楚地看到，艺术家至少会使用
语言来构想一幅画：

> 就在我进行这些研究的时候，创作一幅更大的画的计
> 划开始扎根于我的脑中，这个计划就是画挖土豆的人，我被
> 它深深地吸引，我觉得你也许也会从中发现点儿什么。我想
> 要的景色是一块平地，地平线上有一小排山丘。人物大约一
> 英尺高，宽泛的构成，几个人……正前方……跪着的女人正
> 在收割土豆……在第二块平地上，一排挖土豆的人，有男有
> 女……而且我想让田地的视角是这样的：手推车在画的一角，
> 与之相对的是土豆正在被收割……我在脑海里已经把地方想
> 好了，我会悠闲地选一块上佳的土豆田。

出现在其后续信件里有关这个场景的草图，没有基于任何挖
土豆的实际观察。那是 6 月，不是收割土豆的季节，文森特知道
自己要再等上一两个月才能看到土豆收割。季节到了的时候，他
会从容不迫地选一块土豆田。他想象这个场景，而非记录它，但
他的信表明，想象的行为至少部分上是语言的行为。

从文森特的信及其流传下来的迷人的草图、素描和水彩画中，我们能提炼出一个更强烈的观点。这个时期的文森特正迅速成长为一名艺术家。他离创造出第一幅现在被视为他的主要作品的画（另一幅与土豆相关的画作，1885 年的《吃土豆的人》通常被认为是他第一幅成熟作品）还有几年时间。这里描述的阶段——从波拉德柳树到树林的场景，到垃圾场，再到挖土豆的人——体现出了他策略的改变，从利用书信描绘已经完成的作品，到利用这种大声思考的形式来构思作品应该是什么样。毫无疑问，文森特的视觉想象起到了更重要的作用：你们还期望从画家身上得到什么？但是，创作出美丽的视觉艺术作品不仅仅是一个视觉过程，至少在文森特身上不是这样。

这些信件构成了一段对话的一部分，这也不是巧合。表面上看，信是写给他弟弟提奥的：它们不仅描述了创作中的艺术作品，还描述了时常困扰文森特的情绪、他与父亲的紧张关系和几段痛苦的单相思。在文森特的信件集中，提奥的回信却很少，而且从文森特的信件当中解读出提奥在回应什么信息也很困难。如果它是一段对话，似乎有点儿片面了。从现存的记录中得知，文森特在他一生中给提奥写了大约 600 封信，提奥可能的回信大概仅存 40 封。与其他家庭成员的往来信件表明，提奥是一位勤勤恳恳的写信人，他给文森特写的信毫无疑问比现存记录表明的要多。但即使提奥的回信记录在册，仍然有一种文森特在大声思考而且并不指望一定能得到回复的强烈感觉。就像孩童的自言自语，说的话既针对自己，也针对他人——甚至也许针对自己更多一些。

作家约书亚·伍尔夫·申克（Joshua Wolf Shenk）分析了凡·高兄弟作为创作搭档之间的关系：这个例子是众多这类有效组合中的一个，它揭开了"孤独的天才之谜"这个谎言，谣传天才都躲在自己的阁楼里写写画画。申克没有把提奥只看作文森特创作表达的支持者和咨询提供者，而把提奥描述成这段有效关系中的"隐藏的搭档"。"虽然提奥从没有拿起过画笔，但把他看作历史上最重要的素描和油画作品的共同创作者——正如他哥哥文森特做的那样——是合理的。凡·高兄弟……的角色、风格甚至人格截然不同。但即使身处不同地域，两个人仍各自为坦诚、大胆的艺术创作做出了贡献。"

申克的分析强调了这个创作过程的对话本质，这个过程使文森特·凡·高的艺术作品得以诞生，虽然在申克读来它是一段真实的外部言语对话：两兄弟之间信件的交流。我们不知道上面引用的信件内容，记录的是已经发生过的思维过程，还是文森特在写下它们的时候，出现的那些想法。可能两者兼有。但我认为，一定存在一种情况，在提奥没在身边的时候（通常都是这样，除了在文森特随后的生命中他们一起住在巴黎的一小段时间），这类对话会发生在文森特的脑海中。这无从考证，当然也不可能从信件中推测出来，但文森特用自己的想法进行这类对话，并把它作为完全内化版的信件交流，这似乎是可信的。

任何此类搭档关系的主要部分必然是某种类型的内化式创造性对话——不然事情怎么做呢？在与麦卡特尼合作的时候，列侬不只是一个音乐天才，反之亦然。创作搭档（各种艺术形式的历史中充满了这样的例子）至少可能在某种程度上展现出其力量，因为艺术家重新创造了一种内化版本的实际对话，这对话可能发生在茶歇或抽烟休息的时候。

进一步来说，内部对话一旦创建，就会发展到不再需要另外一个对话者的阶段。如果不考虑文森特对金钱的需求，我怀疑他可能早就不这么写信了，虽说提奥已经去世好几年了。（他也许会将所有这些评论写进自己的日记里，给自己省些邮资。）正如申克指出的那样，文森特显然非常努力地寻找与自己弟弟之间合适的距离：他早期的信件里面充满了靠近他的渴望，但他们在一起的时候又总是吵架。和孩童的自言自语一样，这些信件是"近社会性"的：即使你既不期待也不需要回应，也可以接受。

文森特信件中的另一种情况阐述了维果茨基对在自我调控方面运用语言的看法。维果茨基主张，如果语言的确有自我调控的功能，它伴随着行为，应该随着发展的过程，及时改变与行为相关的定位。在早期阶段，孩童自我调控的语言只会伴随并描述进行中的行为（"我在造一条铁轨"），后来它发展成了带着明确计划作用的语言，在行为开始之前就会出现（"我要造一条铁轨"）。虽然在孩童的自言自语中，这个发展的过程很难用实证方法记录，但文森特的信件中似乎透露出了一些迹象，如"我正在画树林"变成了"我准备画一些挖土豆的人"。

语言性和对话性在外在形式和内化形式之间转换：对话式思考似乎是创新的有利工具。创新观念——我们可以将其定义为"崭新的、美丽的、有用的"创造——是人类最独一无二和神秘莫测的能力之一，它是一个被频繁使用的流行语，可能象征着一些非常混乱的想法。创造力并不仅仅针对艺术。科学研究——改变范式并为区域性问题寻求解决妙方——需要极强的创造力。它包括从已知走向未知，从陈旧走向新生。它是思考的一种，但只有到达了目的地，你才知道要往哪里走。

创造性对话开放式的特点成了科学地理解它的阻碍之一。心理学家乐于用有明确界限、条框明晰的模型来研究：这种对时间的控制对实验方法来说或许是必需的。而你究竟如何科学地把握没有明确节点的过程呢？

心理学家并没有因此停止尝试。他们花了大量时间来对"蜡烛"问题进行实验，在这个实验中，参与者必须想出怎么使用为数不多的道具（一盒火柴、一盒大头针、软木板），将点燃的蜡烛悬挂起来，这样蜡油就不会滴在下面的桌子上。蜡烛问题通常被看作人们"跳出思维定式"能力的一种测试，即不以原本的设计意图来使用物品。（透露一下，在这个创造心理学的经典问题中，你只要把大头针的盒子看作烛台，并用大头针把它和软木板固定在一起。）在一个描述中，这个任务要求你对另一种角度抱开放的态度（把盒子作为烛台，而不作为大头针的容器）。如果你用语言思考来应对这个任务，你会发现自问自答很有用："为什么不把盒子用于其他目的呢？""比如用于什么呢？""我不知道——不把它看作装大头针的容器。试着把它用于其他用途。"类似地，许多其他创造性的时刻也可以描述为对采用其他方法来观察事情抱有开放的态度，即在脑海中有一个特定的观点，并用另一个观点回应它。正如我们所见，那是对大脑对话能力非常好的定义。

把创新看作对话式思考可以帮助我们理解这种灵活性。对话具有创造力。你对自己将要说些什么可能有概念，但你一定不知道你的内部对话者会说什么——至少在你真正把话说出来之前，你是不知道的。而且你一旦把话说出来，你可能就不再需要内部对话者了。你要做的只是去回应开始说出的话，就像它是另一个人说出的那样，而且你将要与自己进行一场对话。

有没有证据表明，思考者运用对话式内部言语来解决这些创造性问题呢？科学难以应付这个问题。我们已经在本书中看到，要窥视人们的思维过程是极其困难的。文森特·凡·高自己似乎对我们将思想表露在外的观点抱有怀疑态度："我们的内部想法会对外显露吗？我们心中可能燃烧着熊熊大火，但没有人会用它取暖，路人可能只看见烟囱里飘出几缕白烟，然后继续赶路。"你可以从完成过创造性任务的人们那儿收集所谓的"思考协议"，本质上就是在事后询问他们的思维过程是怎样的，他们是如何解决问题的。但这些只能是对已发生的事情的延迟重构。随着实验取样的进一步发展，探究人们的想法，从而在关键时刻捕捉思维过程的特点，也许就成为可能。但是，任何这样的方法都存在风险，可能会毁掉原本要研究的过程。正如塞缪尔·泰勒·柯勒律治（Samuel Taylor Coleridge）和来自波洛克的拜访者的故事所阐述的那样，众所周知，创新过程（这个例子是柯勒律治未完成的杰作《忽必烈汗》的创作）容易受到注意力分散的影响。在创造性顿悟发生时，记录它的到来永远不是件容易的事。

另一种研究方法不再试图于创新发生之时捕捉它，而是观察个人投入对话式内部言语和自言自语的程度之间的区别。对此还需要进行相关的研究。有少量证据表明，使用自我调控式自言自语较多的孩童，在创造力的标准测量中得分更高，但仍没有研究尝试将创新与内部言语的方式或内部言语特定的子类型联系起来。

正如文森特·凡·高的例子展现的那样，富有创造力的人会留下关于他们思维过程更持久的其他证据。我清楚这一点，因为当我在研究一个需要创意的问题时，我经常会自问自答。我小说的笔记本上写满了私密对话的片段。许多其他作家也发现了在纸上与自己进行对话的益处。心理学家薇拉·约翰－斯坦纳（Vera John-Steiner）分析了各式各样的原创思考者的笔记本，发现了他们对自己说的隐晦的压缩式话语的证据，这展现了伴随内部言语的简化想法的许多特点。比如，她引用了弗吉尼亚·伍尔夫笔记本上的一段话：

> 假设在 H 去世（疯掉）之后我暂停一下。用单独的一段引用 R 自己说的话。然后停顿一下。再以第一次碰面为开始。那是第一印象：一个饱经世故的人，既没有饱读诗书也不是波希米亚人……第一个 1910 年的场景……要写出战前的气氛。奥特。邓肯。法国。写给布里奇斯关于美丽与情感的信。他很确信。逻辑。

伍尔夫刚开始的"假设……"是对自己提出的一个问题：她

笔记后面写的是可能的答案。它们表现出了压缩和简化的全部特点，对此我们可以从和她同一时代的詹姆斯·乔伊斯关于内部言语的描述中看到。正如我们后面看到的那样，当伍尔夫解决她小说中的问题时，对自己大声说话是有利的；在这里，我们看到她的对话式内部言语找到了另外一种外部表现，在这个例子里是通过在笔记本上写满字来表现的。

　　也许可以把作家的笔记本理解为这类扩展式创意对话的一种压缩版本，这在文森特·凡·高的信中显而易见。无论如何，我们总有充分的心理学方面的原因来说明为什么在纸上进行对话可能会有益于创作过程。如果我用写作的方式进行思考，与在脑海中默想不同，它有利于减少我的处理成本，尤其会减少对工作记忆的要求。一方面，如果我把问题写下来，在考虑如何回答问题的时候，我就不需要分散大脑的资源，用于记住问题。笔记本的纸张变成了外在版本的"开口槽"，我们把观点储存其中，同时对它产生回应。赋予我们的想法一个物质的外在形式，对减少我们处理它们所需的工作量有帮助。我不再需要在脑海中默默地持有一个观点，我可以用声音把它说出来，而且知道它会在我的听觉记忆当中回响一会儿。把我们的想法大声说出来和把它们写下来一样，看起来是减少所有想法都在内部言语中进行所造成的资源成本的便捷方法。

　　处理成本的问题可能是理解对话式思考作用的秘诀。创造力包括将少量看上去似乎不相关联的信息集合起来解决问题（比如，把装大头针的盒子看作烛台）。一旦你用语言将一个观点表达出来，你就极大程度地约束了对它可能的对话式回应的范围。对话也是一样的情况，不然它们就不是真正意义上的对话。哲学家丹尼尔·丹尼特（Daniel Dennett）问我们"你有没有和电影明星跳过舞"，借此来阐明这一观点。要回答这个问题，你不需要过一遍曾与你跳过舞的人的名单，并检查他们中是不是有好莱坞一线明星。你只需要把想法亮出来，对自己问个问题，然后经过被丹尼特描绘为"相对毫不费力而且不假思索"的推理过程，回答它。

对自己提问的语言行为的某些方面，可能会使你计划要做什么的意图非常明确。伍尔夫自我提问的语言结构"假设……"，也许会促使她更加确信，她可以从正在思考的作品中真正获得什么，也许会比她只是把想法表述为陈述句（"我应该……"）更好。这个观点在心理学家易卜拉欣·塞奈（Ibrahim Senay）和他的同事在伊利诺伊大学香槟分校做的研究中得到了验证。他们给参与者布置了猜字谜的任务，并要求他们无声地准备任务，要么问自己准备做什么，要么只陈述想法。志愿者在前一种情况下所解开的字谜数量，比他们在后一种情况下的更多。研究者总结道，在自我对话里对自己提问，相比于你的内部言语里充满了简单的意图陈述，更能推动你超越原来的目标。

写小说和解字谜当然都是需要运用语言的任务。文森特·凡·高的例子中引人注意的一点是，他运用语言在视觉媒介中创作，而语言确实可以实现这点。有些人认为，语言拥有融合信息流的特殊能力，而信息流通常都是通过单独的认知系统来处理的。比如，有关几何的数据（物体相对于彼此来说是怎么摆放的），被认为经过一个认知"模块"的处理，这个认知模块与处理（比如）颜色的系统截然不同。在这种情况下，我们怎么能融合两类信息呢？打个比方，想一下你怎么使用色彩的数据来帮助你在环境里认清方向，比如怎么处理像"在红房子那里向左转"这样的指令呢？如果涉及了两个完全不同的模块，我们怎么样让它们之间互相对话呢？

一个答案是，我们运用言语思维思考。至少一项研究已经表明，如果你隔绝了内部言语，参与者就会失去融合这些认知类型的能力。阻止人们使用自我调控式语言也被证明会对人们更基本的感知能力造成影响。志愿者被要求在一大堆物品里搜寻特定的某个物品时，比如在超市的货架上的一系列物品里进行搜寻，如果他们在搜寻的过程中大声说出物品的名字，通常会做得更好，至少在对物品比较熟悉的情况下是这样。类似的事情似乎也会发生在将物品根据颜色分类，而不去考虑物品的其他属性（如形状）的时候。这并不像传统的"语言相对论"那样，认为人们所使用的语言能够影响人们认识外部世界的方式。相反，它表明对自己输出语言能让你更容易管理已经拥有的认识方式。

所有这些都指向内部言语在处理这类信息中的作用，而这似乎与语言无关。我们已经看到在行为进行中，自我控制式语言在计划和控制行为中所起到的作用。这里的关键问题是，我们能否再进一步研究，并且认定内部言语能够将原本可能保持独立的认知方面联系起来。这是一些像美国马里兰大学的哲学家彼得·卡拉瑟斯那样的研究者已经证实了的观点。卡拉瑟斯提出，内部言语是大脑中的一种通用语言，能够融合原本相对自主的系统产出。如果这个观点是正确的，它也许就能解释，在凡·高构思创作时，他的语言是如何从他必须利用的视觉图像中获得动力的。绘画说出了他内部言语中的内容。

是时候盘点我们目前对自己脑海中声音的了解了。看起来，内部言语远非一些人认为的随处可见的现象，但它确实在许多人的体验中显著突出，而且它似乎在我们的思考中起到各种不同的作用。它帮助我们为要做之事制订计划，管控行为开始后的一系列活动；它加深我们对应做之事的信息的记忆，而且在最开始就为我们的行动鼓舞士气。对我们许多人来说，它为我们的意识体验提供了一条中心线索，这对我们拥有连贯、持续的自我意识来说不可或缺。但内部言语数量众多。它多变的特性似乎违背了大声与他人进行对话的起源，同时反映出了与外部言语可预见的相似之处。有需要的时候，我们可以通过回到大声自言自语的童年模式，或者在笔记本上与自己进行一场对话，节省资源处理的成本。

内部言语对话性的特点是它社会性根源最明显的标志。自我对话给了我们一个对自己的看法，这个看法也许是用灵活、开放的方式进行思考的关键要素。我们可以表达对自己行为的看法，并用对话互换意见的方式对它做出回应。这种对话性有助于解释为什么内部言语在进行过程中呈现出不同的形式，一会儿是压缩和简化的形式，一会儿发展为完全展开的内部对话的形式。最重要的是，它开始理解人类的多样性。内部言语包含多重声音这一本质，使作家在我们脑海中"播放"他们角色的多种声音成为可能，它让我们安全地探索自我界限。内部言语的使用不局限于需要用到语言的任务里，它可能在融合原本保持独立的大脑产出方面发挥着特殊作用，这造就了我们意识流独一无二的多媒介特性。

　　我们也对内在语言在大脑中可能如何运作有了更好的理解。早些时候，我们看过了存在潜在结构的证据——不同神经网络中的一些互动——这可能构成了内部对话的能力基础。我们扫描正在进行对话式内部言语的人的大脑，发现左侧额下回——一个常常会在内部言语中用到的区域（见图 2）——有激活现象。但我们也发现，大脑右半球的激活现象靠近名为颞顶联合区的区域。如

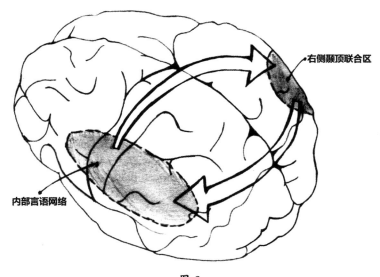

右侧颞顶联合区

内部言语网络

图 2

我们所见，那个区域常与思考他人的想法联系在一起，而且当人们以独白的形式进行思考的时候，该区域不会被激活。

这些是进行这项研究的起步阶段，但内部言语和心理理论系统之间的这种互动可能会成为对话式思考的神经学基础。社会认知系统为另外一种观点的表达提供了必需的结构：内部对话的"开口槽"。一个观点产生——一段对话的开场白——并被放进开口槽里。另一种观点随后在内部言语系统中被表达出来，用于"回应"前一种观点。新的观点移动到开口槽里，同时另一个新的观点继续被表达出来，如此循环。出于响应大脑回应的目的，在一个就处理资源而言较为划算的互动中，两种成熟的系统得以被运用。大脑不再无休无止地说话，不指望得到回答，而是以对话的形式开始运作。

第 8 章

不是我

"他是不同的。"

说话的是一位受过良好教育、带着英式口音的女性，她是典型的医生。她的声音听起来很熟悉，但他知道自己只在大约 7 年前的一场电话会谈中听到过一次她的声音。他清晰地听见她的声音，就像有人站在房间里一样。他知道说话的人是谁，但仍没有停止推断她身份的过程。事实上，他花了一两秒钟来判断这整件事情是不是真的发生过。声音从外面传来，从韦瑟斯庞酒吧外面的街上传来，这意味着说话人的物理位置至少在 5 米外。什么样的声音能穿透厚玻璃窗对你说话，而音量丝毫不减？

"那个他是你吗？"

他一直是"他"。他们用第三人称谈论他，就像你可能会说起某个在街上出洋相的人。他们当然清楚，他们关注的对象能听见他们说话。这是关键。

"是我，没错。"

"不同意味着什么，你知道吗？"

"也许是与我在人们面前表现出来的不同，或者与人们对我的了解不同？我认为这个声音就意味着这个。"

"哗"声响起的时候，杰伊正坐在酒吧的桌旁全神贯注地写剧本。他告诉我们，他一直全神贯注地写作，以此来阻挡那天早上他一直听到的声音。而矛盾的是，背景中的噪声让声音越来越大，那声音就像在一片喧嚣里争取获得关注。

"这听起来就像你正试着理解那是什么意思……"

"是的，这几乎就像我必须理解声音在说什么，你知道的，用一种比喻的手段？"

本正在主导面谈。这是一个夏天，窗户开着，我们能听见放学后达勒姆大学的绿宫中学生雀跃的声音。

"所以在听到'他是不同的'那一刻，你不一定知道那个声音在说什么，对吗？"

"对，没错。在'哗'声响起的那时候，我不知道它在说什么。"

本问杰伊，他怎么知道这个声音是他熟悉的。杰伊告诉我们，他会听见 3 种主要的声音，它们都很熟悉而且立刻就能听出来。这个特定的声音一直都是这样。

"它听起来比我年纪要大……你知道的，带着一种中产阶级的口音。声音里带着几分睿智……它总是带着沉思的语调，就像在进行一场对话。它永远不会大声喊叫或发出类似的声音。"

有背景噪声的时候，声音的音量会明显增大，罗素对声音的这种矛盾特性提出问题。说话者像是自己提高音量来增加被听到的概率，还是音量像被扩声器放大而没有改变声音的音质？罗素从椅子上站起来，一边走出房间，一边继续与我们说话，他以此来阐述自己的观点。我们仍然可以听见他从容的中西部口音，但显然音量降低，力度被削减了。他想说明，他声音的音质是如何受到木质门的阻挡而改变的。

"声音的特性没有变化，"杰伊说，"它没有喊叫，但它听起来音量很大，因为我周围有很多噪声。"

杰伊能清楚地听见"声音"从约 5 米外穿透厚玻璃窗传来，这是他学会判断他听见的是自己的声音，而不是真实存在的其他人的声音的方法之一。声音毫无疑问是真实存在的——它们是他体验中意义非凡的一部分——只是声音的背后没有任何实体形态。在认知层面上，他对于认清这一点，没有任何问题。

"事实上，它身处韦瑟斯庞酒吧之外，我看不见它，但它听起来音量很大……我身体的一部分感知到有一个声音在那边，但我也知道没有人在那儿。"

通过认知行为治疗（Cognitive Behavioural Therapy，CBT），杰伊在学习将理性运用到自己体验中的方法。CBT 教他"解构"自己的声音，并理解使他感受到声音的心理和情绪过程。"哔"声响起的那一刻，他正在归因：将他从体验中学到的东西用于解释那个奇怪的感知。CBT 帮助他意识到，想法会自然地产生感知——有人在韦瑟斯庞酒吧外面的街上对他说话——实际上是个错觉。意识到这个想法毫无根据是治疗过程非常重要的部分。通常情况下，杰伊会听见自己的一个声音，意识到它说话的方式，并判断出他又出现了异常体验，而且他不应该将它作为真实的感知。

　　但是，这个过程需要时间。虽然不需要太多时间，但足以拆开他推理的环节，并且暂时颠覆 DES 的准确性。在我们所研究的意识的瞬间——在韦瑟斯庞酒吧的"哔"声在他耳中响起之前——他还没有把他的体验合理化。杰伊近乎尴尬地承认，在"哔"声响起的那个瞬间，这声音在他听来就像有人在那里说话。

　　"视觉上有人在那里吗？"罗素问道，"你看见这个人了吗？"

　　杰伊告诉我，他从没有看见过声音的形象，或任何其他视觉方面的幻觉。我问他，这个体验是不是感觉像一段回忆。杰伊的回答让我很惊讶。

　　"是的，这是一段回忆……我曾在电话中与这个人说过话，她是个医生，这个声音听起来就像在电话里与我对话的人的声音。这个声音从没有变过。"

　　所以，寄居在他大脑里的这个人利用了他 7 年前曾经对话过的一位不知名的医生的听觉形式。那是他生命中并不重要的一个女人，但她的声音却被某人——或某物——所使用。杰伊将声音的内容——那句令人困惑的低语，他是不同的——与他怎样被家人看作一个孩子联系起来。他的母亲和祖母对他抱着批评的态度，而且希望他成为特定的样子，这个声音与此相矛盾：他不是你们这些人想让他成为的那样。他是不同的。杰伊并不觉得他大脑的对话者像这样维护他有什么不寻常之处。"这些声音对我来说不会一直是消极的。实际上，我有时候觉得它们非常有用。"

　　杰伊曾说自己感觉得到声音的存在，本就这一说法询问他：那感觉像什么？

"感觉它们像是人。我真的明白，这些声音实际上不是任何人的声音，你知道的，它们是声音。这些声音也许是我一生中认识的不同人声音的组合，尽管它们可能听起来像来自某个特定的人。但我身体上的确感觉有人站在那儿。"

"这种身体的感觉是怎么样的？"

"就像我坐在这间房间里，我在对你说话，感觉到房间里还有另外 3 个人。你知道的，另外还有人。知道那里是不是有人的感觉。我不知道怎么更好地表达，但听见一个声音的体验就像这样。"

本将它与他自己的个人"意识"联系在一起，即使他背对着我，看不见我也听不见我发出的声音，仍然知道我和他一起坐在房间里。"我对查尔斯的感受没什么特别的，"他说，"除了知道他在那里。"

"嗯，这就是你听见一个声音时的感觉……这是件体验性的事。你感觉不舒服。但随后我必须从声音中退后一步，将其解构，并意识到它仅仅是个声音。解构声音是个主动的过程。"

与杰伊对话产生了许多不可思议的事情，其中一件是声音存在的感觉似乎与听见"声音"的体验无关。有时，有声音但没有对应的声音存在的感觉；又有时，有声音存在的感觉但没有声音。比如，今天杰伊能听见街头传来医生的声音，也能感觉她的存在，就像你眼睛闭着的时候仍然知道有人在房间里站在你身后。但在韦瑟斯庞酒吧外面的街头，也有其他声音在那里。"哔"声响起的那一刻，他感觉到两种声音的存在，但只有一种声音在说话。

"他们在同一个位置上吗？"

"是的，他们都站在外面的街上，互相挨着。"

他们总是像那样在一起，杰伊告诉我们，有时他感觉到的第三种声音也会出现。第三种声音是个不一样的女声，她絮絮叨叨、充满攻击性、令人窒息。她只会在杰伊不安的时候出现。杰伊把她称为"巫婆"。但他今天没有听见她的声音。

在我们 DES 抽样的另一个场景中，杰伊告诉我们，他听见"巫婆"的声音但没有感觉到她的存在。杰伊在前往达勒姆的路上，火车驶入隧道，车厢陷入一片黑暗。这时，他听见"巫婆"说话了："我尝试让他觉得自己重要。"杰伊很气愤，他那充满嫉妒的、消极的声音竟然宣称试图帮助他，他吼了回去："噢，滚远点儿，你没有！"他的嘴巴没有说出任何话，这声喊叫发生在大脑内部。声音从火车车厢中离他约 5 米的前方传来。和韦瑟斯庞酒吧的声音一样，它的音量很大——大到在火车的其他噪声之中仍能听见——但不是喊叫。虽然杰伊在这个场景下听见了令人不愉悦的女性声音，但他并没有感觉她在场。他感觉到的其他两个声音则相反，虽然存在，却一句话都没有说。

没有说话的声音是什么？

杰伊的体验随时间发生变化。在 15 岁的时候，经过一段时间的厌食症临床治疗后，他听见了自己能感觉到的第一个声音。那是医生的声音，它叫他的名字，鼓励他进食。这只发生了一次。直到他 19 岁，与他关系非常亲密的祖母去世前，他没再听到过任何别的声音。那之后什么也没有发生，直到他 24 岁时，他第一次听见那个女医生的声音；其他两种声音也大约同时出现。他放弃了酒吧服务员的工作，回去当一名舞蹈教练。声音持续出现。它们令人感到困惑和精神错乱，尤其是在他试图教课的时候。为了压制声音并让自己得到些睡眠，他开始在晚上喝很多酒。最终，声音还是使他一直醒着。他记得在教学楼里最高的一层备课时，他站在房间的前面看向窗外，听见"声音"从街头大声传来。他记得自己孤身坐在厨房的桌上，一边喝酒一边听见相同的声音大声向他喊来。他以为那里有人制造出了这些噪声，而且他们跟着他回家了。

在停止工作、躲避声音的一个礼拜后，杰伊去了医院，他被诊断出了情感分裂型精神障碍。他被告知将长期如此。"他们只对给我贴标签感兴趣。实际上，这个标签让我觉得自己是残疾人，因为我把自己看作有难以治疗的精神问题的人……那时候，因为我总是被有精神健康问题的人包围，我开始相信我患有严重的精神疾病。我把自己看成一个精神分裂症患者。"

之后，杰伊的诊断发生了变化。他找了另一位精神科医生和一位给予了他巨大帮助的私人治疗师。他仍没有告诉人们他会听见"声音"，比如舞蹈学校里的其他教练。但他对为什么拥有这些体验以及声音对他说的话有了成熟的理解，他已经学会非常好地处理它们，以至于他最近都不再需要精神治疗。这些声音从来不会直接对他说话，但它们之间会互相对话。它们总感觉像从他的大脑外部传来，通常就像从隔壁房间传来。它们不会通过其他方式被感知：没有触觉元素，也没有嗅觉或视觉幻觉。有时，它们会依附于其他永久性的体验。举个例子，当他听见楼上公寓的木地板上的脚步声，他会感觉这个声音不知道怎么会与他大脑中的声音有关联，即使他理性地知道这些是真实的人发出的声音，是与他无关的邻居发出的声音。

有些时候，杰伊完全听不见自己的声音。如果他必须给出一个具体的数字，他会说他可能一周有 3 到 4 天能听见"声音"。它们会持续几分钟或者几个小时。他最有可能在疲惫或早上意识迷离的时候听见"声音"。通常，声音被某件事情激发，有时甚至是被他自己的想法激发。他将听见"声音"这一想法可能是一个会自我应验的预言。比如说，昨天他在图书馆写作，拿出自己的 DES 蜂鸣器，然后他想，现在注定会听见"声音"。事实也是如此。"这几乎就像我能这样把它打开，"他说，"我能让它们出现。"通过 CBT，他也获得了一些与声音互动的控制力。他在脑海中无声地与他们对话，从来不会说出声。他每天晚上都会抽出大约半个小时的时间，在这期间他与声音互动并沉浸在对话中。这是在火车上听见"巫婆"的声音是一个有些不寻常的体验的原因之一。一般来说，如果在与声音对话的设定时间之外，他会无视这些声音。但"巫婆"在这种情况下的低语让人十分气愤，杰伊被迫给出回应。

杰伊的 DES"哔"声响起的瞬间中只有少部分包含声音。其他时候，他的内部体验看起来与其他任何人无异：里面有大量日常的内部言语，一些感官意识等。例如，在一个"哔"声响起的瞬间，他正考虑在他的剧本里加入一个特定的项目，我们可以看见他无声地问自己："我要加这个还是不加呢？"一系列取样的日子结束后，我们询问杰伊对这个过程感受如何。他告诉我们，这些年来他一直被鼓励去深入思考他的内部声音，却从没有思考过他的日常内心体验。他过去担心，蜂鸣器会捕捉到那些声音说出的他可能不愿意与研究者分享的某些话，但这没有发生。"我绝对准确地记录下了我听到的东西，而且我对此感到舒适。"到目前为止，这些声音没有对他参与这项实验做出评论。它们更担心他正在写的剧本。那里是他取名字的地方。那里是他设计所有一切发生的地方。

在任何情况下，他的声音都不应该感到担忧。邀请杰伊和我们一起进行体验抽样，不仅仅是为了寻求捕捉他意识中的这些拜访者（如果他们选择说话，我们当然对此感兴趣）。更确切地说，我们相信，你如果不理解作为大背景的寻常体验，就不可能完全理解像听声一样的异常体验。当有人说他听见了一个声音，他们（含蓄地或明白地）在做比较。他们说："这是我体验中的不寻常之事，它与平常的体验不同。"但是，你不先了解寻常之事，就不可能理解不寻常之事。这就是为什么我们如此深入地询问杰伊体验的方方面面，不论是司空见惯之事，还是离奇诡异之事。所有体验里都有语言，语言在大脑中发声。他意识中的普通声音——内部言语的喃喃自语——与3个神秘访客之间存在什么样的关系呢？这个问题会告诉我们大量关于脑海中许多不同声音的信息。

第 9 章

不同的声音

你是如何看待会听见脑海中的声音的人的？在南森·法勒（Nathan Filer）2013 年的获奖小说《堕落之愕》（*The Shock of the Fall*）中，主人公马特被诊断出的疾病非常可怕，可怕到甚至连名字都不能提：“我有病，一种带着蛇的形状和声音的病。”大家都知道精神分裂症是什么。对很多人来说，它“嘶嘶”的发音都会引起恐惧和偏见。一组研究者通过分析 2006 年美国综合社会调查中的数据发现，大约三分之二的调查对象表示，他们不愿意与被诊断患有精神分裂症的人一起工作，同时有 60% 的人预计，患精神分裂症的人会对他们有暴力倾向。回看 10 年前的数据，人们的态度几乎没有变化。虽然相比 1996 年的调查对象，2006 年的调查对象更有可能把精神分裂症归结为精神生物学方面的原因，但以消极态度去理解它的人有增无减。

有一个问题是，“精神分裂症”是一个非常容易被误解的术语，在许多不同的论文当中有不同的运用。在公众的印象中，它经常被用于指代人格分裂，比如从杰基尔博士变成海德先生 *（再变回来）。造成这种误解的原因很多，其中包括这个术语字面上的意思，也就是"精神分裂"，甚至创造这个词的人也试图使其更接近于类似"分裂"或"破碎"的意思。这个术语由尤金·布鲁勒（Eugen Bleuler）于 1908 年创造，被用来重新阐述之前被称为早发性痴呆（dementia praecox）的概念，它被描述为错觉（持续性的错误信念）和幻觉（没有任何外界刺激情况下不可抗拒的持续性体验）。到 20 世纪中期，随着库尔特·史奈德（Kurt Schneider）在其教科书《精神病理学》（*Psychopathology*）中对精神分裂症的主要（或"一级"）特征的分析，精神分裂症成了西方精神病学科的一块基石。临床医生通力合作来完善其定义，同时，追求以科学的方式理解它成了精神病学科的卓越目标。"了解精神分裂症，"罗伊·格林克尔（Roy Grinker）写道，"就是了解精神疾病。"用托马斯·萨兹（Thomas Szasz）令人印象深刻的话来说，精神分裂症成了精神病学科的"神圣象征"。

许多原因导致这块巨石近些年来开始崩塌，最有可能的就是其构成缺少科学基础。如今，精神分裂症被更准确地用来指代一种症状，或者相似情况的集群。很长一段时间内，精神分裂症被描述为一种渐进性的大脑疾病（意味着其内在存在一种单一的生物过程），现在它被视为一种复杂的、多样化的疾病，患者可能得

---

*　典出自苏格兰作家罗伯特·路易斯·史蒂文森的小说《化身博士》。主人公亨利·杰基尔博士利用秘药将自己人性中的"恶"分离了出去，使其成为一个独立的人格——邪恶的海德先生。"Jekyll and Hyde"一词因此书而成为心理学中"双重人格"的代称。——编者注

以痊愈。现在专家将精神分裂症视为代表了一系列或连续的症状或异常体验的一个极端。找出控制此疾病的基因是一项徒劳无功的任务。最近的一项研究发表了有关证据，精神分裂症实际上是由 8 种基因不同的疾病组成的。在精神病学家的"圣经"《精神病诊断与统计手册》(*Diagnostic and Statistical Manual of Mental Disorders*) 中，精神分裂症被分为许多子类型，比如情感分裂性精神障碍和妄想性精神障碍。它们之间的相同之处在于，都存在错觉、幻想、思维紊乱、行为异常及阴性症状等五种异常情况中的一种或多种。"精神分裂症"这个术语和它在《精神病诊断与统计手册》中的定义继续受到大量非议，许多人支持用更中性的术语"精神病"替换它，但一些人主张，用一个指定模糊的疾病集合去替换另一个不是进步的标志。

简单来说，没有人在场却听见"声音"是一种精神异常的体验，因为它与现实脱节。我们做的其他事情也会出现这种脱节，比如做梦或想象。正在发挥想象力的人意识得到，他们正在做的事情是一种创造性行为：用精神病学的术语来说，他们"洞察"到了发生在自己身上的事情。另一方面，做梦不是精神病，因为它在意识完全缺失的时候发生（著名的"白日梦"也许例外，如果你睡着了，你是不可能有洞察力的）。严格来说，当一个人感受到了与现实的脱节，但又没有意识到这种体验是"不真实"的，幻觉就出现了。

当然，实际上，事情要复杂得多。当一个孩子听见她想象中的朋友对她说话的声音，她可能完全沉浸在假想之中，觉得这个虚幻的玩伴对她来说是真实的。我们完全沉浸于一部电影或一本书时，类似的事情也会发生。当杰伊听见医生的声音，或者亚当听见被他称为"首领"的声音对其说话时，他们知道自己所感受到的是他们平时幻想出来的声音中的一种，但这种体验对他们来说仍然是真实的。在某些情况下，杰伊会立刻给出回应，就像有人真的在那儿跟他说话；把声音理解为一种幻觉，需要认知发挥一点儿作用。杰伊对自身体验有一定的洞察力，但这在一定程度上取决于你什么时候询问他，以及他在理解自身体验意义的持续过程中所处的进度。《精神病诊断与统计手册》将幻觉定义为"一种类似于感知的体验，带着真实感知的明晰性和影响力"，这个定义只在一定程度上有用。

正如我们所见，洞察力的存在仅仅是听声体验发生变化的众多形式的一种。如果幻听是精神分裂症的一个特征，那么它是最色彩斑斓的特征。但听见"声音"的症状绝不只局限于精神分裂症。听声与其他不胜枚举的精神疾病相关联，其中包括癫痫、药物滥用、创伤后应激障碍、帕金森氏综合征及饮食功能失调。几年来，杰伊有过几种不同的诊断结论，最近一种是边缘性人格障碍。将听见"声音"看作"神圣象征的神圣象征"——典型的精神分裂症症状——的这一观点似乎是有问题的。患有精神分裂症谱系障碍的人中大约有四分之三会出现幻听，患有解离性人格障碍（人们在这种情况下会表现出多重人格）的人中有差不多比例的人出现过幻听，而且有大约一半被诊断为创伤后应激障碍的人以及一定比例患有过分躁狂抑郁性精神病的患者会出现幻听。听声会让人感觉异常抑郁和虚弱，但它并不等于精神分裂症。

实际上，听声甚至并不等于精神失常。没有任何说话者在场却听见"声音"，这可能是正常体验的一部分。这种观点已经有些历史了。120年前，伦敦心理研究协会试图在1.7万人的公众样本中挖掘类似于听声的不寻常体验。"你有没有这种经历，"他们问道，"在清醒的时候，看见、听到或是接触过一些据你所知是非外部世界的东西？"大约3%的调查对象报告，他们曾听见过声音。纵览此后进行过的调查，有过听声体验的人比例在0.6%到84%之间变化，这个变化取决于问了怎样的问题。一个合理的估计是，5%~15%的普通人有过偶然的或一次性的听声体验，而大约1%的人的听声体验会更加复杂和深入，但他们并没有接受精神治疗。

尽管似乎我们中的许多人会听见"声音"，关于听声的普遍认知依旧非常消极。"只有疯子、危险的人会听见'声音'！"维多利亚·巴顿（Victoria Patton）有时被这么告知。"你不用和他们中的任何人一起工作吧？"维多利亚是我们达拉姆听声项目中的通信官，她在我们的外展活动中起带头作用，这些行动旨在消除总是与这项体验联系在一起的偏见。"不幸的是，那样的观点被极其广泛地传播，"维多利亚告诉我，"我们通过提高听声的公众意识来改变这一点，并让人们理解不是所有会听见'声音'的人都有精神疾病。"我们仍然有很多事情要做。当媒体提到听声的时候，它几乎无一例外出现在失控、暴力以及对自我和他人造成伤害的语境下。心理学家卢凡妮·维尔郝尔在查阅2012年到2013年之间发表的近200份报纸文章的样本时发现，大多数文章都没有包含听声可能是正常体验的一部分的迹象。也许毫不意外的是，大多数媒体报道将听声与精神疾病——通常是精神分裂症——联系起来，还有少量人意识到听声可能也会出现在其他精神疾病当中。超过半数的文章将其与犯罪行为联系起来，大多数包含暴力犯罪。略少于一半的报道将听声与对他人的暴力倾向联系起来，而略少于五分之一的报道与自杀或自杀倾向相关联。

　　像亚当一样的人的经历表明，误导性的媒体报道不仅恶化了对听声的偏见，还给听声者对其体验和自身的理解带来了消极影响。研究表明，这样的自我感知可能具有深入影响，包括让人自我贬低、放弃治疗或难以坚持治疗，增加住院的风险。"你说自己是个听声者的时候，"亚当在一次广播访谈中说道，"人们立刻会想：哦，他可能是个危险人物。我根本不是那种人。是的，仅仅是有人在我脑海中说些可怕的事，这并不意味着我就是那种人。"

　　在英国广播公司第 4 电台的《周六直播》节目中，亚当正在与电台主持人西安·威廉斯（Sian Williams）对话。这次访谈的产生，是因为我们做了一部关于亚当经历的电影，这部电影曾在巴比肯中心上映。我和亚当为此次访谈一起前往伦敦的广播大楼，当他向直播广播的听众讲述他忍受脑海中的声音是怎样的感受时，我透过控制室的窗户看着他。

　　这是场极其敏感、内容极其丰富的访谈，访谈者对精神疾病的复杂性拥有深刻的理解。谈话内容一度转向亚当脑海中的声音与他日常想法之间的关系。"它介于思考与说话之间，"他说，"这样持续很长时间后，它变得非常令人困惑。你在和自己说话，但你得到了一个回复；你在和自己说话，但你被问了问题。这会非常麻烦，因为如果你想到了什么事，你不确认想到这件事的人是不是你……在我脑中还生活着另外一个'人'……它不是我，但它又是我。"

亚当的声音是他日常内部对话被扭曲的奇怪结果吗？他是否在自己的内部言语中听到了基于某种原因被认为是源于他脑中"其他人"的喃喃自语？如果真是这样，可能被扭曲的内部言语又是怎样被处理的？当你听见"声音"的时候，你听见的是谁？或者说你听见了什么？

1990年，当我还是个研究生，第一次琢磨维果茨基和巴赫金的观点时，我忽然想到，它们可能提供了一种思考幻听的新方法。如果孩童通过内化外部言语来发展其内部言语，应该会存在一个阶段——内化还没有完成。在这个阶段，他们脑海中充满了还没有被完全吸收的少量对话。换句话说，就是"声音"。由于幼童区分虚幻和现实的理解能力相对较弱，这可能导致听声体验不被认为是来自自身。反过来说，这个过程中的一些成长方面的问题可能会促成随后完全成熟的听声体验。

当我10年后回顾这个研究孩童自我指导性语言的问题时，我发现人们确实重视听声可能与言语思维有关这一观点——而且已经重视了一段时间了。16世纪的西班牙，圣十字若望（St. John of the Cross）为神圣的声音为何会产生于判断错误的内部言语提供了解释。前人圣托马斯·阿奎那（St. Thomas Aquinas）

认为，思考是"内部的词汇"，圣十字若望以此为基础表明，新教徒在冥想的时候可能会有听见神圣声音的体验，事实上，"大部分时候他们都在对自己说这些"。

这个观点起源于欧洲神学，随后在医学文献中得以发展。英国精神病学家亨利·莫兹利（Henry Maudsley）在他 1886 年的《自然原因和超自然假象》（*Natural Causes and Supernatural Seemings*）一书中写道："生动的构想是如此强烈……它被向外投射成了一个实际的感知……对听觉来说，这个观点强烈到了成为一种声音。"一个世纪以后，20 世纪 70 年代后期，欧文·范伯格（Irwin Feinberg）提出，幻听可能是大脑系统异常的结果，大脑系统通常用来控制自我产生的行为。如同所有好的论点一样，范伯格的观点实质上很简单。个人在内部言语中产生了话语——这类日常内部言语对话目前已经成为我们的焦点——但出于某些原因，这个人没有办法意识到产生的话语是来自自己。他们脑海中有语言，但他们并没有感觉到这些语言是自己产生的。他们觉得语言来自外部：一个能听见的声音。

精神病学在那时候对我来说是个陌生的学科。我接受过成为一名发展心理学家的训练，并将研究聚焦在幼儿和孩童上。在英国、美国和许多其他国家，精神病学是医学的一个分支，人们完成成为医生的训练后方可进入这个专门的领域。像我一样的心理学家也可以学习异常的心理过程。有一些人为了治疗病人，专注于临床心理学研究，但这不是我个人追求的选择。在精神病学的世界中，人们将内部言语作为幻听的原材料来谈论。我一直通过童年自言自语的内化，来研究内部言语的发展。我们所谈论的是否是同一件事呢？

是，也不是。有关听声的内部言语理论实质上是随着克里斯·弗里斯（Chris Frith）和理查德·本陶（Richard Bentall）作品的诞生而建立起来的，弗里斯和本陶朝着略微不同的方向，各自发展范伯格的理论。在一个研究组中，弗里斯和他伦敦大学学院的同事提出了一个理论：精神分裂症的症状来源于自我行为监控中出现的问题。在这一组的早期研究中，被诊断为精神分裂症的病人不那么擅长纠正自己在移动操纵杆任务当中所犯的错误。这个观点认为，如果你在控制自我行为时出现问题，你可能没办法认识到有些你的行为是来自自身。这可能也包括内部言语：你在自己的脑海中，为自己产生的语言。

在利物浦，一组由理查德·本陶领导的研究者正在研究，幻听是否可以被理解为在控制信息来源方面出现的问题。类似的观点在有关记忆的研究中被证明是非常有力的，它被用来解释为什么人们有时会把实际发生过的记忆与想象可能的产物弄混。该理论指出，为了弄清大脑内部的表现是不是记忆，我们经历了将大量不同种类的信息（表现的生动程度、回想起来的难易程度等）聚集在一起的取证过程，并最终决定这件事情是否真的发生过。

本陶将此方法运用于听声中，他要求人们检测隐含在掩蔽刺激中的信号，比如在白噪音的背景下检测一小段话。在许多运用这种"信号检测"的研究任务中，能听见"声音"的精神病人更有可能断定语言是存在的，甚至当它并没有出现的时候。如果你带有偏见地认为内部言语来自外界，你也许更可能会说，内部言语起源于外部（换句话说，你会说它由他人产生），而不是来源于内部（也就是将其正确地认知为自我产生的内部言语）。

有关这个偏见的有力例证来自伦敦精神病学研究所的路易斯·约翰斯（Louise Johns）和菲利普·麦圭尔（Philip McGuire）的研究。他们以三种人群作为样本：会产生幻觉的精神分裂症患者、不会产生幻觉的精神分裂症患者及没有精神疾病的人。他们要求参与者在对着麦克风大声朗读单个形容词的同时，通过耳机倾听演讲。在某些实验中，他们听见的是音调下降了几个半音的被扭曲了的自己的声音；在其他时候，他们听见的是其他人的声音（有的被扭曲，有的未被改变）。会产生幻觉的病人比其他两组更有可能将自己被扭曲的声音当作别人的声音，这验证了这类人在记录自己内部体验来源中存在特定困难这一观点。可以说，偏向于判断"它来自外部"而不是"它来自内部"的人更有可能把自己的内部言语错认为是外部的声音。

内部言语理论的另一证据来自对听声体验期间生理变化的研究。20 世纪 40 年代晚期，美国精神病学家路易斯·古尔德（Louis Gould）运用一种被称为肌电图描记术（electromyography）的方法表明，精神分裂症患者幻觉发生的同时，发音肌的轻微运动也在增加，特别是嘴唇和下颚的肌肉。在 1981 年的一个不同寻常的案例中，保罗·格林（Paul Green）和马丁·普雷斯顿（Martin Preston）录下了一位中年男性患者产生幻觉时发出的轻微低语声，这个声音来自被他称为"琼斯小姐"的女性声音。用电流放大这个信号，并对他重新播放，格林和普雷斯顿能够用一般人说话的音量编一段病人和他幻想中声音的对话。之后，彼得·比克（Peter Bick）和马塞尔·金斯波兰尼（Marcel Kinsbourne）表明，让出现幻觉的病人在声音产生的时候张开嘴巴，就会让声音停止。作者认为张嘴的行为阻碍了伴随内部言语的微弱的次发声行为，因此阻绝了产生幻觉的原材料。

　　每一个有关这些听声的内部言语描述都面临着严峻的问题。一方面，所有这些描述都依赖于对内部言语非常有限的理解。就像我们之前遇到的神经成像学研究，它们倾向于把内部言语看作一件完整的事，类似于无声地机械背诵，不存在多种形式。内部言语过程对于其种类、如何发展和能起到什么作用缺少特别深入的思考，外界研究中最让我吃惊的是尝试从这一角度来理解听声。当我们开始重视内部言语，并将其视为与自我的内部对话时，就可以更好地理解它与听声之间的关系。

　　有一种令人信服的观点认为，像亚当这样的听声者经历着扭曲的内心对话，其听起来不像来自自身。要看这是如何运作的，举一个关于一段普通的内部对话的例子。著名的物理学家理查德·费曼（Richard Feynman）对在解决科学难题时如何与自己进行讨论做了描述："整体应该比这些之和要大，这样就会使压力更大，明白了吗？""不，你疯了。""不，我没有！我没有！"想象一下，出于某种原因，这场对话的一方被认为不是自己——比如那句"不，你疯了"。我们很容易明白，这些话为何会被思考者当作幻想出来的声音。

现在来看一个临床文献中的例子。一个病人走向医院里的贩卖机。"我是拿一听可乐，还是一杯水？"他想。像是回答他一样，一个声音在他脑海中回响："你应该拿水。"临床医学家亚伦·贝克（Aaron Beck）和尼尔·瑞克特（Neil Rector）把这解释为从一场内部对话的一方转变为幻想。自己对自己说话，但看起来这场交流的一方不是别人，而是自我衍生出来的。在贝克和瑞克特临床研究的其他例子中，内部对话中的声音更随意，带着一种陌生感。同一位病人坐在医院的多人病房里，他想："我不应该再吃零食了。"他立刻听见了一个声音说："你应该把那个零食吃掉。"

贝克和瑞克特的其他例子描述了更重要的声音的出现。一个病人匆忙地为去学校做准备，她想："我要迟到了，我的朋友们会失望的。"随后她听见一个声音说："你想太多了……你太死板了。"如果这是一段扭曲的自我对话，她也许听见了类似于"忠实的朋友"的声音。另一位病人正努力解一道数学难题，这时他想："我永远做不出来了。""但你是个天才。"他脑海中的声音如是说。

从内部言语的角度来思考听声被证明是有益处的，但对内部言语对话特性的关注则以极好的方法将其分解。在我第一篇关于这个主题的文章里，我提出内部言语理论没有在解释听声上面取得进一步进展的原因之一是，研究者没有对作为一种现象的内部言语足够重视。维果茨基的理论没有努力解释所有这些陌生的低语声在病人的脑海中做些什么，而是向我们展示了我们的脑海中是怎么充满了其他声音的。重视对话特性，让内部言语模型解释了声音如何被认为来自他人，而这类声音通常带有他人的特性，比如带着特定的音色、语气和语调，使之听起来与听声者自己的声音不同。你和听声的人交谈时，你经常能听见他们描绘声音这种"陌生但来自自己"的特点。他们意识到这种体验最终来自他们自己的大脑，但他们说它从不会感到陌生或奇怪。维果茨基的观点也迫使我们思考，内部言语如何展现出不同的形式：它有时被紧紧地压缩了，像笔记的形式；有时候被扩充为一段完全展开的内部对话。内部言语的这些特点——对话性和压缩性——被听声的标准内部言语模型所忽略。

我认为理解听声的关键不是废除内部言语模型，而是用内部自我对话作为被内化的不同声音之间的对话这一更丰富的构想来补充它。这个模型的核心在于，在日常的内部言语中，我们能在拓展和压缩形式之间自如地转换。这种转换通常被感受为在笔记形式的内部言语和完全展开的内部对话之间无缝对接。不寻常的事可能会发生在听声的人身上，压缩式内部言语被"重新拓展"，形成完全展开的内部对话。被精简、压缩的自我对话通常会忽然发展成多样的声音。

要科学地检验这些观点，需要我们重新思考我们对听声者和非听声者"典型"的内部体验的理解。一方面，我们需要询问感受到幻听的人的日常内部体验。一些研究对一般大学生样本中内部言语的种类进行过观察，并将它们与参与者听声的倾向联系在一起。在我与西蒙·麦卡锡-琼斯进行的研究中，我们发现两组大学生样本展现出了四种主要的内部言语主题（回想一下，我们将它们命名为对话型、压缩型、他人型及评估型）。在同一个研究中，我们给了参与者一个关于他们幻听倾向的自我报告的标准调查问卷。结合内部言语调查问卷中幻听倾向的数据，我们发现人们报告幻听的可能性可以通过他们内部言语中自我对话的数量来预期：那些勾选对话项目越多的人，越有可能报告类似于幻听的体验。至少在健康的大学生中，自我对话越具有对话性、往复性，他们似乎就越有可能在脑海中听见"声音"。

听声的精神病患者谈论起他们的内部言语来是怎么样的？在麦考瑞大学对精神分裂症病人进行的研究中，我们可以着手解答这个问题。我们不仅就声音对他们做了详细的访谈，还询问了参与者自我对话的情况。虽然从整体上看，病人内部言语的特点相较于非病人的对照组来说并无显著差异，但病人报告拥有对话式自我语言的可能性更小。这项研究的局限性在于，我们对他们声音进行的访谈不如我们后面开发的调查问卷那么详尽。近日，利物浦大学的保罗·德·索萨（Paolo de Sousa）将我们的方法运用于一组患有精神分裂症的病人，他发现，病人认为的内部言语的对话性特点与对照组参与者认为的无异——这支持了前文所述的澳大利亚的研究，即病人与正常人在内部言语方面并无很大差异。然而，精神分裂症病人在我们调查问卷有关压缩性的分量表中得分更高：他们更可能将其内部言语报告为拥有压缩型、笔记形式的特点。这意味着，他们的内部言语更少具有扩展性的特点，这与下述观点相吻合：人们对这类内部言语有不同的理解，有时候也许会将其理解为声音。

在病人和非病人的样本中找出寻常的内部言语，还有许多工作要做。也许相较于没有寻求帮助的人，病人内部言语多样化的特点与听声的关系有所不同。另一个问题在于，为什么听声者会汇报正常的内部言语。如果幻听产生的原因不是内部言语，那么为什么不是所有的内部言语都被感知为外部的声音？你当然不会以为内部对话在听声的病人看来如此正常。举个例子，杰伊在他的 DES 访谈中汇报了许多看似正常的内部言语，例如，当他考虑某一工作难题的时候，他对自己说"我希望可以把所有这些表单让领导签掉"。

然而，我们有理由怀疑，听声病人的内部言语可能发展出声学特性。比如，比利时列日大学的弗兰克·拉瑞依（Frank Larøi）进行的一项研究表明，听声精神分裂症病人的样本中有大约 40%的人认为，他们的思考具有一些类似于声音的属性，比如音调和口音。相比之下，健康人样本的这一比例大约是 20%。其中一位病人描述了一段在他声音开始前变得更加明显的内部对话。他感觉到"想法，就像一个声音，在你脑海中对自己说话……有内部对话是正常的，只是我的更加明显"。

所有这些都表明我们需要更加专注于现象学。我们需要在出现听声的不同诊断之间，提出"这是种什么感觉"这个问题，并把这个问题进一步扩展到没有寻求精神治疗的听声者身上。正如我们所见，提这种问题的结果表明，听声是一种多样化的体验，理解它需要我们关注这种多样性，而不是把可能非常不同的体验混为一谈。当我们思考正常的内部体验时，我们也需要关注那些"这是种什么感觉"一类的问题：不仅仅因为其本身的趣味性和重要性，还因为它帮助我们理解寻常的内部体验，从而去理解类似于听声的不寻常的体验。

如果声音来源于内部言语，那么问这两者是否会展现出一些相似点是合理的。问"这是种什么感觉"这种问题不是件容易的事儿，尤其当体验经常与困扰和痛苦相关。但正确的方法会展现出一种丰富的现象学方法。从精神病学科的早期起，听声就被数不清的多变的方法描述过。声音会辱骂、威胁和命令，但也会鼓励和支持。它们说单个的词和复杂的句子，它们时而柔声低语，时而高声叫喊，时而喙喙嚅嚅，时而徐徐吟咏。对我们有利的事实是，听声的体验发生在一些历史上最著名的作家和思想家身上。如果我们想知道听声是什么样的感觉，我们不妨去回顾历史。

第 10 章

和平鸽的声音

年轻的勇士怒不可遏。希腊迈锡尼的国王太过分了：因为他固执地不肯释放被囚的克律塞伊斯，所以阿波罗令希腊军队染上瘟疫，以此严厉惩戒他。希腊军队跪地祷告。阿喀琉斯犯了个错，他当众表明，也许是时候回家了，并放弃围攻特洛伊。愤怒的君王最终同意放回克律塞伊斯，但必须以阿喀琉斯自己的战利品——美丽的布里塞伊斯作为交换。正当这位年轻的勇士在思量要不要将阿伽门农一剑刺死时，灰眼睛的女神雅典娜从天而降，抓住阿喀琉斯黄色的头发，连忙制止了他。他止住怒气，将剑插回剑鞘之中。"顺从神的旨意，"他这么回应这次显灵，"这样他们才会听见你的祈祷。"

现在快进几年（就我们所知的作品的创作时间而言，是文学史上的几十年），另一位希腊勇士奥德修斯历经曲折的十年漂泊后，终于从特洛伊战场重返家乡，却发现他的妻子珀涅罗珀被一群无理取闹的求婚者包围。奥德修斯对这些人在自己房子里擅自作乐的行为感到震怒，于是他谋划了一个计划来对付他们。"他站在那里，将火把高举 / 他远远观察这些求婚者，同时在脑中盘算 / 思绪向远方蔓延，他想着一定要做些什么。"和《奥德赛》中的许多其他地方一样，这位英雄正面临一个难题，而且我们可以看见，他就像一个普通的现代人一样思考问题。

处境艰难的时候，《伊利亚特》里的阿喀琉斯听见了神的声音。而在后来的史诗《奥德赛》里，奥德修斯凭借一己之力思考问题。两部古希腊经典史诗之间的明显差异形成了普林斯顿心理学家朱利安·杰恩斯（Julian Jaynes）1976 年杰出著作的基础，该著作仍时常在关于听声的许多讨论中起到重要作用。这本书就是《二分心智的崩塌：人类意识的起源》（*The Origin of Consciousness in the Breakdown of the Bicameral Mind*）。该书提出，公元前 1000 年左右——差不多是《伊利亚特》的创作期——人类大脑实际上被分成两部分。"二分"（bicameral）一词表示"两腔"的意思，它在这里指的是大脑的两个半球是分裂的，它们通过脆弱的前连合保持连接。日常语言在大脑左半球产生，而且现有神经学方面的证据不断表明，对大多数习惯用右手的人来说，语言处理集中在大脑左侧。但大脑右侧拥有与它另一侧一样的产生语言的结构，这个结构位于额下回和颞上回。杰恩斯认为，在遇到认知挑战的时候，正是大脑右侧在"发出声音"，比如，当人们（像阿喀琉斯一样）面临一个以惯用的回复已无法满足选择的情况时，信号从右半球传到前连合，再传递到左半球，在那里产生语言。但因为那时人们缺少自我意识，这些信息没有被感受为"人的语言"。它们被认为是神的声音。

《奥德赛》创作时（约公元前 8 世纪），社会政治的变化以及文字的发明致使大脑的两部分一体化。神的声音变成了内部言语。奥德修斯自己做决定，而且他通过自身的语言对决策进行思考。神仍然出现在他面前——在一个令人难忘的场景中，他运用自己新获得的精神力量与易怒的雅典娜斗智——但这些神不像特洛伊之战时那样，在他的大脑里有一条"热线"。用杰恩斯的话来说，这两部荷马史诗代表了"一个巨大的心理穹顶"。虽然他分析结果的言外之意仍能引起共鸣，但我们可以简单对其进行概括。大约在公元前 1200 年以前，普通人不用内部言语与自己对话。他们会持续地体验到幻听，而出于文化原因，这被归结为超自然力量。听见"声音"是人类存在的基本条件。

杰恩斯的神经学分析让许多当代科学家畏缩。大脑的两个半球拥有不同"人格"的观点实在是过于简化了，这对有关大脑单侧化的文献不公平，这些文献极其复杂。但是手术移除了胼胝体的"裂脑"病人，其大脑的两个半球看似确实会相对独立地运作，很难想象这么重大的结构变化可能在最近三千年内发生在人的大脑中。

杰恩斯的文学分析也存在弱点。《伊利亚特》中的一些场景，比如赫克托尔决定与阿喀琉斯对决，似乎就是有意识的，甚至是口头表达的意愿。"可是，他沮丧地对自己伟大的内心说话，"《伊利亚特》告诉我们，"在他等待之时，这些就是他的想法。"的确，史诗开篇，在雅典娜出现在阿喀琉斯面前的同一节里——这一节被杰恩斯当作《伊利亚特》里的人物没有清醒的意识或内省的最佳例证——这个勇士的行为被描述为"在他的脑中和心里""左思右想""深思熟虑"。在描写雅典娜降临的幻觉的几行诗句里，阿喀琉斯所为之事非常类似于正常的思考。

尽管存在缺陷，但是杰恩斯的分析让我们深入思考我们应该如何理解来自遥远过去的、有关内部言语以及听声的描述。如果杰恩斯的大脑结构的重大变化发生于相对近期的观点是错误的，我们就需要问一问，为什么《伊利亚特》的作者选择用那样的方式描述日常内部言语。从这个角度来说，杰恩斯的作品让我们意识到，古希腊人思考他们内部体验的方式与我们的大相径庭。毕竟，他们有关宇宙学和宇宙哲学、超自然实体的存在与效力，以及个人与社会的关系的观点与我们截然不同。为什么他们非要定格在现代意义的观点上，把内部言语看作"脑海中声音"的产物呢？

将听声的描述与它们的历史背景联系在一起，这同样重要。我们不应再问《伊利亚特》是否"证明"了古代人会听见"声音"，而是应该问如何更充分地描述听声？如果听声确实是人类体验中的普遍现象，我们应该会找到古往今来它出现的证据。

然而，尝试研究记录像听声一样具有私密性和主观性体验的史料，是存在风险的。大众文化教育是现代社会的发明，许多我们最感兴趣的人，他们的体验可能无法被阅读，也无法被描写。因此他们的例证常常被信仰系统和体验能被阅读或描写的人——通常是神职人员，如修道士、牧师——的情感过滤掉。这些文献经常被极度扭曲和虚幻化。我们自然受限于那些幸存下来的、现如今能被解释的手工制品，但随着我们对过去历史的深入探究，这些手工制品的数量也越来越少。

拿古代一位最著名的听声者——哲学家苏格拉底——作为例子。苏格拉底本身未给我们留下任何著作，所以我们只能依赖于他的学生和追随者提供的例证，他们给我们提供了关于这位伟大哲学家的体验的不同观点。比如，苏格拉底的学生柏拉图观察到，他的老师从幼年时期开始，听见的声音总是消极的、批判性的，从来不是积极的；但苏格拉底的另一位学生色诺芬，将苏格拉底的声音描述为具有指导性和建设性的。一位现代学者这样解释这种差异：苏格拉底更有可能在事情不那么顺利的时候——用当代心理学的术语来说，就是在充满压力和认知挑战的情况下——听见他的"征兆"或声音。

少数人怀疑苏格拉底并不是现代思想的塑造者，而且称他是个隐藏的精神分裂症患者，这讽刺地阐述了我们的文化中听声和精神分裂之间被人本能地赋予的联系。对其他有过类似体验的历史人物来说，刚刚提到的"诊断"于他们也并不遥远。例如，预言家以西结（Ezekiel）被一些学者强行贴上了"精神分裂症患者"的标签，这些学者既没有参考任何为这位预言家的体验提供支撑的精神信仰，也没有试图理解描述、记录体验所依靠的信仰和假设的背景，就来解释预言家明显的思维插入、思想广播及听声（据估计，他听见过神的声音 93 次）的经历。然而，正如神学研究者、心理学家克里斯·库克（Chris Cook）指出的那样，像刚才提到的那种诊断不可避免地将一种认知机制——现代生物医学精神病学——强加于另一种之上，而没有对那些体验发生时的背景给予足够的重视。

更重要的是，当我们面对一种像听声一样充满政治意味的体验时，我们要像个认真的过客一样去回顾过去，而这种体验与普通人从精神力量中直接获得信息是一致的。苏格拉底的声音让他陷入了大麻烦：在审判时它被当作指控他不虔诚的证据。历史上另一位听声者圣女贞德报告说，对她说话的声音用的是法语（不是教会的官方语言拉丁语），这显然阻止她揭开某些"有关国王的真相"。承认这样的体验是有风险的。听见神的声音可能是神道传播的一个征兆，但发生在卑微的农民身上就不是那么回事了。贞德的命运掌握在她的审判者手中，这是众所周知的。

虽然需要谨慎，但研究我们脑海中声音的历史性方法会以全新的角度将声音展现出来。只要我们小心地认清历史上的例证如何渗透到他人的体验中，并理解它们最初为何被写下，那么将眼光放长远些，我们可以看到对此项体验的态度——从那些听声者到周围人的态度——发生了变化，以及它们如何与更广泛的社会认知联系在一起。如果我们格外小心，便可以捕捉到那些行为当中意义构建的过程。

"原谅这些使我痛苦的人。"耶稣要受众注视他的伤口。他的头，他的手，他的脚。上帝，或者说上帝的影像从装在车上的十字架中出现，悬在她头顶之上。她为此场景哭泣，正如她也会为任何其他基督受难的场景哭泣一样。约翰站在她身边，冲着士兵们大喊。他表现出了对他们上帝的敬爱，同时对自己珍贵的东西被偷走了感到愤怒。

　　教堂里，石头落在她身上的时候，她觉得自己的背要断了。这种疼痛令人不可思议。她担心自己快要死了。她知道，会众中许多怀疑她的人希望看见她受到神的惩罚。但这不是神的报复。这是对她忍受苦难能力的一种测试。修道士称量过这块石头和随之落下的横梁的重量。马斯特·阿林说，玛格芮·坎普（Margery Kempe）能活下来真是个奇迹。上帝如何将她的苦难免除，也是个奇迹。她曾大声呼喊——"上帝，可怜我吧"——她的痛苦就随之消失。

　　她现在唯一的痛苦是饥渴。她自昨日在约克起就没有进食了。她跟在丈夫身后，走在炎热而空无一人的街道。他脑中在想着什么。

　　"如果一个男人骑马而来，手里拿着把剑，威胁我说，如果我现在不和你发生性关系，我就会被砍掉脑袋，你会怎么说？"

　　"我会说我已经洁身两个月了，而且我不理解为什么你现在要提起此事。"

　　"我想知道你会说什么。你说过你不会说谎的。"

　　"你想听实话吗？我宁愿看见你被砍死，也不想让你碰我一下。"

　　她掂量了一下手里的啤酒瓶。那是个酷热的六月中的一天，他们走了一早上的路。她的衬衫下面热得要命。头发从头顶就被编了起来，她的头皮像被灼烧了似的。但她的穿着会让神高兴。她渴望喝手里瓶子中的啤酒，但不饮酒是神的意愿。

　　"你称不上是个妻子。"这个男人说道。

　　"我发过誓，"她回答说，"只要找到一位主教，我就马上对他起誓。离布里德灵顿还有多远？"

他们在路边的十字架旁停下休息。丈夫坐在十字架下，让她过去。

"我不再要求得到你的身体，"他说，"但要满足三个条件。我们回去睡一张床，不用性交。你解决钱的问题。而且你不再做禁食这些荒唐事。像这样的天气，你至少要喝点儿什么。"

他把一块糕点藏在了胸口的衣服里。出于对她誓言的尊重，他把它藏了起来。他知道她饥肠辘辘，不想让她受到诱惑。

"不，"她回答说，"我发过誓。我不会在礼拜五进食。"

"那我就要取我所需了。"

他站起来，开始脱衣服。她求他先让她祷告。她走进田里，在十字架旁跪下，开始哭泣。她曾祈祷能够洁身三年，不被骚扰，现在她有机会巩固这项交易。但是，禁食是她曾许下的承诺。她无法同时遵守两项誓言。她在十字架下祈祷。引导她，上帝，告诉她该怎么办。

耶稣对她说话了。她听见他的声音，就像有人站在田里，在她身旁，在距离很近的地方说话，传到她耳中。这个温柔男人的声音甜美柔和，但声音很大，大到如果那时候其他人和她说话，她可能都听不见。这个声音给她出谋划策。她应该让丈夫遵守他的诺言。即约翰发誓洁身，而玛格芮放弃禁食。她现在应该走向她的丈夫，吃些糕点，和他一起喝瓶里的啤酒。

那是 1413 年。玛格芮和与她结婚 20 年的丈夫约翰一起从约克起程远行。他们曾看过科珀斯·克里斯蒂（Corpus

Christi）的戏剧，剧中对基督受难轮回的生动描述深深地印烙在她的心中。她给约翰生了 14 个孩子。她是前镇长的女儿，经历了两次生意失败，一次作为酿酒商，一次作为磨坊主。这些日子，她越来越认清自己的道路。在未来的几周里，她将拜访林肯和坎特伯雷的主教，谈论她得到的神的启示。她将从家乡诺福克郡的林恩*出发朝圣，并希望不久后起程去耶路撒冷，在那片土地上最高级的神职人员中寻求受众。她希望世人能够了解基督的启示，了解不知来自何方的声音，了解圣母和她孩子的幻象。玛格芮的名声比她先行。人们听说了她流泪的天赋，听说了无论她何时看见基督受难的提示，都会放声大哭。但这是个充满了怀疑的世界。到处都有异教徒。她白色的穿着惹了麻烦：她以为自己是谁？她被当成罗拉德教徒追捕，并遭到火刑的威胁。圣人在心中谨记奥古斯丁的教义，问她是在脑中听见了上帝说话，还是用耳朵听见了上帝说话。这之间是有重要差别的。回答错了，你就可能被烧死。

无论如何，她听见的是上帝的声音。她每天都和他对话。她听见了圣父和圣徒的声音，并用她的灵魂之眼感知他们的存在。她听到的一种声音就像一对风箱对着她耳朵吹：那是圣灵的喃喃自语。如果她愿意，上帝会将声音变成和平鸽的声音，再变成知更鸟的声音，在她右耳中欢快地叽叽叫。有时上帝与她的灵魂清楚明确地对话，就像朋友之间通过肢体语言对话一样。地球上没

---

*　即现英国诺福克郡金斯林地区。——编者注

有任何一种智慧可以解释这种声音从何而来，或去向哪里。她在自己的内在听觉中接收到这样的声音已经有 25 年之久了。

她不识字，但她却读得懂瑞典圣妇彼济大（St. Bridget of Sweden）的文字，彼济大的圣灵显现鼓励她寻找新的秩序，她也读得懂瓦尼的玛丽（Mary of Oignies）的文字，玛丽被自己忏悔的罪过所击垮，哭得像临产的妇女一样。女人的脆弱使得她从上帝那里接收到了这些神迹。但玛格芮怎么知道这些真的是从天堂来的讯息呢？恶魔非常善于欺骗，它也可能将这些声音植入她的脑中。我们上帝真实的声音听起来像什么呢？

声音命令她去诺里奇，拜访一位在这方面有智慧的修女。修女住在圣朱利安教堂附设的小房间里，离喧嚣的码头不远。玛格芮能听见卸货工人沿着温森码头传来的叫喊声，以及推车将羊毛袋运送到柯尼斯福特河边的驳船上时发出的嗒嗒声。诺里奇是仅次于林恩的大都市——英格兰第二大城市，也是个主要港口。这似乎是个奇怪而疯狂的地方，远离了尘世的喧嚣。但人们期望隐士能够提供精神指导，玛格芮进入小房间的会客厅，知道自己征求建议的请求将被听见。她通过一个小窗户与这位修女对话。这个小房间的居住者已经 70 多岁了，她的脸苍老惨白，藏在白色的大兜帽里。她的眼睛带着历经沧桑者的宁静。女仆爱丽丝给玛格芮拿了些酒。修女的房间很小，里面有一张小床、一个祭坛、一只水桶和几串念珠。房间的另一边，透过一个狭小的窗户能看见教堂，人们能在教堂里看见祭坛和有圣餐的礼拜堂。房间没有门，既不能进也不能出。修女从一个小门进入，一番祷告后，这个小门被封起来了。谁知道这是多少年之前发生的事情？那是她世俗的死亡，她为此感到庆幸。这是她的精神再次与上帝同在的时刻，她会死在这儿，再也看不到天空了。作为一个寻求观众和关注的人，她渴望告诉君主和大主教自己看到了什么，玛格芮不能想象世界像这样被缩小。她会死于这种孤独的。

两个女人谈论了很久。其他人来拜访的时候，玛格芮就等着，最后离开，第二天早上再来。这次拜访持续了几天。玛格芮详尽无遗地描述了她得到的神的启示，她希望任何欺骗都会显露出来。恶魔会在最小的细节上动手脚。修女安慰她说，玛格芮听见的是真实的声音，它没有违背神的意愿或有违基督徒的福祉。圣灵绝不会促使有违仁爱的事情发生，这么做将会混淆上帝的恩惠。"上帝和恶魔总是彼此冲突，"修女朱利安告诉她，"而且他们应该从不会在一个地方驻足，恶魔对人的灵魂没有控制力量。"

玛格芮声音真实性的另一个标志是，上帝赋予了她流泪的天赋。而恶魔憎恨哭泣，看见她当众哭泣会使其感受到比身处地狱还剧烈的痛苦。总而言之，玛格芮必须抱有信念。她必须相信声音的良善。越多人嘲笑她的体验，上帝就会越爱她，就像在她之前上帝爱圣妇彼济大一样。但是，上帝从没有在彼济大面前显现过他在这个来自林恩的生灵面前显现过的东西。这一点耶稣自己向她做出了保证。不论彼济大用她的灵魂之眼看见过什么，都不能与玛格芮看见的相提并论。

***

玛格芮·坎普选择从诺里奇修女那里寻求建议是正确的。和玛格芮一样，朱利安女士的第一个孩子出生后，听声和灵视就开始了，她的启示也来源于身体上的压力。1372 年 5 月 8 日——大约是她与玛热丽碰面的 40 年前——她因生重病而卧床不起，最初觉得很遗憾，然后接受了自己所理解的即将来临的死亡。她只有 30 岁半，那时杰弗雷·乔叟差不多就是这个年纪。一大早，教区神父就带着耶稣受难的十字架来了，他让朱利安看着耶稣的脸，从她的救世主那里得到慰藉。因为她视力衰退，屋子里的其他东西都显得昏暗，但与之相反，这个十字架保持着"正常的、房间里的亮度"，而且她在其中看见鲜红的血从荆棘冠冕之下"鲜活而大量、栩栩如生地"流出。随着垂死的耶稣的幻象变得越来越荒诞——在一个画面中耶稣浑身全是干掉的血，而在另一个画面里耶稣呈深蓝色，濒临死亡——朱利安从她灵魂深处听见了这些话。没有任何声音，也没有人张嘴，只有一句简单的解释："就这样，战胜了恶魔。"

幻象持续了一整天，第 15 次幻象发生在下午。最后的第 16 次幻象发生在当天晚上。启示发生的若干年后，朱利安的书才得以完成，该书表现出了她的极度谨慎，她试图在每一个细节中重构它们，并且筛选其含义。她描写每一次启示都用了三部分，每一次的"显灵"都包含视觉形象，包含她认知里形成的语言以及精神上或"幽灵般"的景象——对"可怜的、不识字的人"来说，用文字来描述最后一点是最难的。她听见的声音鼓励了她，并保证了其真实性："现在你知道，你今天看见这些不是因为精神错乱；接受它，相信它，你就不会被打败。"朱利安所使用的"精神错乱"一词有些过激，有些翻译将其表述成"幻觉"。

关于朱利安的生平，我们知道的并不多。她的文字更多关注揭示启示的意义，而不是描述她周围的客观环境。她有可能来自一个相当富裕的家庭，她是位母亲，可能还是个寡妇。"显灵"后的一段时间里，1373 年 5 月 8 日，朱利安决定将其记下，并投身于冥想中，期望重新获得神的恩惠。我们并不清楚那时她就生活在诺里奇，她的别号可能来自诺里奇的圣朱利安教堂，她之后在那里出家做了修女，为了冥想，她孤身一人住在教堂附设的小房间里。玛格芮就是在那里遇见了她。虽然她们的年龄和背景截然不同，却有许多共同点。作为父权社会中的女人，两人都善于隐藏她们的机智聪颖。朱利安称自己是"一个无知的、软弱的、脆弱的女人"，而玛格芮自称"这个生灵"则表明了其更深的谦卑。幸亏她们小心谨慎，之后的中世纪出现了一些虔诚的女人，作为灵视者，她们活得不那么容易，这遵循了宾根的希尔德加德（Hildegard of Bingen）、锡耶纳的凯萨琳（Catherine of Siena）及其他人的传统（大多数发生在这个大陆上）。传统女性角色的升华在两本著作里都很明显：玛格芮的著作塑造的几乎是一种与上帝之间的爱欲关系，而朱利安把周遭对她的指摘变成了她的优势，创造了一种有关信念的朴实冥想，这种冥想重视女性角色和内部意象。在朱利安的书里让人印象最深刻的一点是，她描述了一次关于一个小东西的灵视，那个东西像榛子那么大，躺在她的手心里。"这可能是什么呢？"她在自己濒死之时问自己。答案接踵而来："这是所有的一切。"

在诺里奇相遇的两个女人如今被认为是英国中世纪时期杰出的文学人物。在玛格芮之前，不论男女，没有人曾经以书面形式记录过他们的生活，这使得《玛格芮·坎普之书》（*The Book of Margery Kempe*）成为语言史上第一部自传。玛格芮将它口述给一位代笔者，朱利安则亲手创作了自己的著作，这使它成为众所周知的第一本由女性所写的英文书。她们两人都有听声的经历，并写下了这种体验，虽然玛格芮似乎不太可能了解到朱利安的著作，尽管她在这些方面早有盛名。朱利安不仅是个原创神学家，她还带着自然主义者的关怀去关注自己体验的细节。朱利安写了两个版本的《圣爱的启示》，其间相隔约20 年，由此可以很明显地看出她孜孜不倦地努力辨别她听到的声音和经历的灵现的真伪，这表明她不断地阅读、再阅读她有关"圣灵显现"的记忆，这种方法使她永不满足。

这并不是辨别真伪的问题。对于那些接受了神的启示的人来说，确认启示的真实性是最根本的担忧。这本就是玛格芮寻找朱利安的原因：寻求她的建议，确认她听见的声音是否是圣灵的征兆。在 5 世纪，圣奥古斯丁将灵现的三种类型做了区分：身体上的（用外部感觉来感知）、想象的（感知为内在幻象或声音）以及精神上或心智上的（直接通过灵魂接受，不需要任何感觉特性的感知）。对玛格芮和其他有这种体验的人来说，这种差别很大。就精神上的真伪而言，"在她心里"听见上帝对她说话与她用耳朵听见的差别在哪里？

　　辨别真伪在中世纪是件大事。对教士来说，对上帝的真理是什么的判断，往往是对相关者道德的判断。女人被认为拥有脆弱的人格，特别容易受到魔鬼的诱惑，所以她们的体验常常与神父的标准相悖。玛格芮总是被圣教会的工作人员反复盘问，以测试她的虔诚度和灵魂的纯净。在这一点上，她和之后的圣女贞德面临同样的危险。1429 年，贞德接受审判，在有关她听声体验的讨论中，她听到的声音被认为是最低级的一种，因为它们是通过外部的听力所感知的。贞德 13 岁的时候有了第一次听声体验。那是一个夏日，在父亲的花园里，她听见一个声音从右边教堂的方向传来。这个声音被描述为"温柔、甜美而低微的"，而且声音通常伴随着一道光。它保护着她，把她称为"女仆珍妮"，神的女儿。很多时候，她都能听见。用圣奥古斯丁的话来说，声音的外部性本质（与之相反，同一时期"幽灵般"的声音有时会直击玛格芮的灵魂）让贞德的体验有些可疑。人们并不指望像玛格芮和朱利安一样的女人去了解这些神学上的区别，但她们的知识显然非常渊博。如果不是这样，她们会很危险。

　　试着去诊断这两位英国潜修者（或者像贞德一样的其他人，基于她们所属的传统），并不比把苏格拉底称为精神分裂症患者更有意义。更不用说，回顾性鉴别诊断一直在文学作品中出现。如果贞德不是精神分裂症患者，她就患有"特发性局部癫痫伴幻听特征"。玛格芮抑制不住的大哭和咆哮，伴随着听声，可能也是颞叶癫痫的特征。在她的幻觉中飞来飞去的白点（她认为那是天使）

可能是偏头痛的症状。但从另一方面来说，玛格芮正面的、充满悲悯的内部声音没有让其症状减轻。它们显然与她患有癫痫的观点不符。中世纪文学学者柯琳恩·桑德斯（Corinne Saunders）指出，玛格芮的体验在15世纪早期很奇特，并且当我们离玛格芮的体验所基于的解释结构如此遥远时，这些体验现在看来甚至仍然奇特。这没有让它们成为疯癫或神经系统疾病的标志，也不会比现代任何类似的体验更应该被自动纳入病理学的范畴。玛格芮的书第一次出版于1930年，在该书的手稿于兰开夏郡的一个老天主教家庭的藏书馆中被发现后，当时的评论（毫无疑问受到那时流行的精神分析学的影响）非常迅速地把她的心声判定为"患癔症的"。我们以现在的视角看待过去，在我们处理有悖于常理的体验时，这种做法就再正确不过了。

如果我们无视还原论者提供的诊断，与现代听声体验的比较则引人深思。中世纪有关听声的描述有一个超乎寻常的特点，即它们很少局限于一种形态。朱利安不仅听见上帝的声音，还看见了耶稣，用她幽灵般的认知感受到了他的存在。正如我们所见，研究听声体验的历史描述给了我们重要的经验教训：我们不应该让听声优先于其他感官形式的体验。但我们也需要记住，这些例证为何产生。让贞德陷入麻烦的声音和幻象，大概将它们多感官的本质归结于其产生的背景。即使你听见了曾经对话过的医生的声音，也没有理由认为你会看见她的脸。如果耶稣或圣母出现在你的眼前，你所有的感官都有可能为之一振。即便没有出现，如果你的生命依赖于验证这一幻想，你也许会更渴望理解你所做之事。

　　她告诉我们，她最开始就在寻求——事实上是祈祷——耶稣的这些启示，记住这一点对理解朱利安的著作很重要。上帝之声不是不速之客，所以也许不奇怪，大多数讯息显然是被接收的。其他时候，声音听起来更像许多现在听声人的体验，一样复杂和模棱两可。朱利安在她一系列启示的最后看见了恶魔的幻象，她感觉到了这个恶魔的炽热，觉得他的恶臭难以忍受。但她的听觉也被激活了，这似乎有人为的原因："我也听见了身体发出的声音，就像有两个身体一样，而且在我看来，两个身体同时发声，就像他们拿着写有重要事件的羊皮卷，而且所有声音都是温柔的喃喃自语，我无法理解他们所说。所有这些把我逼向绝望……"

　　总而言之，中世纪神秘主义者的体验需要放在他们信仰的背景下去理解——不论是放在体验的特征之下，还是放在诸如朱利安和玛格芮等人为弄清发生在她们身上的事而付出的艰苦努力之下。像往常一样，当我们尝试解释历史著作时，需要问一问，为什么要写下这些文字，而它们又是为谁而写的。朱利安为所有基督徒所写，但也为自己而写，她试图解释那奇迹般的一天发生的事。20 年后，在第 2 版的《启示》中，她仍旧在担心自己所见和所听到的东西的意义。相反，贞德的例证出于一个非常不同的目的——被她的问询者记下作为对她罪行的佐证。采用这些不同文本的表面意义，不可能使我们接近真相：这些体验对接受它们的女人来说是什么样的？

　　这些生动而谨慎的声音填满了玛格芮的书的页面，我们也需要从它们被记录的原因的角度来理解它们。与朱利安对其灵显的不断筛选相反，玛格芮的书是对与上帝正在进行的对话坦诚而朴实的描述。她的现代编辑巴里·温迪特（Barry Windeatt）强调了贯穿朱利安著作的内部对话："是时候将玛格芮·坎普的内部声音作为她对自己与神互动的精神理解的投射，由此我们得以洞察她的心理。"无论是和上帝谈论她所遭受的社会排斥时，还是在耶稣辞世后安慰玛丽时，玛格芮都没有记载与她对话的外在实体，甚至都没有提及，在理解问题答案的能力的限制条件下，与自己就这些体验展开辩论可能意味着什么。我们窃听到了"一个与自己对话的正在祈祷的大脑"。那个话题再次出现了：充满了对话的声音的大脑。就玛格芮而言，这是内容特殊的内部对话：一个女人和上帝之间的关系。

第 11 章

听自己说话的大脑

不论你是否相信上帝真的对玛格芮·坎普说话了，听声都是一件在人脑海里展开的事件。和日常的内部对话一样，产生话语的语言和产生回应的语言用的是同一个大脑。与玛格芮的例子有所不同的是，内部对话中的某一种声音被认为来源于外在因素和超自然因素。声音感觉像来自其他地方。在玛格芮的体验中，超自然话语拥有实体形态。无论神圣与否，简单来说，听声是语言在大脑中产生共鸣。

像玛格芮、朱利安那样的女人，对她们两耳之间的这个器官的运作不会知晓太多。在那个时代，解剖学是受过教育的男人的专利。虽然亚里士多德认为，人类认知的理性层面集中在心脏，但最早的科学心理学将认知功能转移到了大脑之中。这一学科建立在希腊解剖学家盖伦理论的基础之上，并在 13 世纪末成为系统化的探究领域。思考是一个过程。理性灵魂的活动，或者我们现在所说的"心智"，它们被大脑器官中开展的心理活动反映出来，尤其是从"生命灵气"（源自阿拉伯哲学的三元精神系统的一部分）到"动物本能"的转变，它控制了感官、动作、想象、认知和记忆。

我们对那个时期大脑解剖学的了解主要归功于波斯博学家伊本·西拿（Ibn-Sīnā, or Avicenna），他的作品在 20 世纪被翻译成了拉丁文（因此被西方社会的知识精英所知晓）。他的《治疗论》（*The Book of Deliverance*）建立在盖伦观点的基础之上，盖伦认为大脑被分成 5 个单元，这 5 个单元对应大脑脑室的 5 个分区。"内部感知"存在于这 5 个分区之中，它们负责汇总从外界感官获取的数据，并通过其组成概念或"形式"构建思想。为什么像玛格芮·坎普那样的人能够在没有任何说话者出现的前提下听见"声音"？这类体验反之又如何依赖于大脑汇总想法和情绪？这些幻象的构成对回答这些问题至关重要，这点已为人们所知。

在成对的前脑室的前端，感官信息在常识中被处理，然后被传递到位于前脑室后端的临时记忆系统中。随后那些信息被传递至中脑室的前端，它与同一脑室的后端相连，其作用在于做出基于记忆和情感的判断。最后，在大脑的后脑室中，是储存记忆的地方对进入后脑室的信息来说，它们必须通过被称为小脑蚓的虫状结构，这个结构被视为切换思考和回忆的阀门。一位中世纪的作家甚至提出，大脑的物理运动能够打开或关闭这一重要的阀门，因为人们在主动回忆的时候，总是向后倾斜他们的头部。

听见"声音"或者看见幻象，能够被这些组件中两个部件如主动想象和更加理性的估计间动态的相互作用所解释。在某些条件下，想象力的创造性力量能够动摇、改变估计的理性活动。如果四种身体体液（黑胆汁、黄胆汁、血液和痰）出现不平衡的现象，那种脆弱的平衡可能会受到影响。比如，过量的黄胆汁可能会过度激发前脑室的图像生成系统，造成现实中并不存在的感知。

因此，中世纪科学提供了对某些基于生理过程的异常感知的记载。并不是所有这些体验都会自动被视为要么来自恶魔，要么来自神的超自然力量。举个例子，圣托马斯·阿奎那在 13 世纪中叶写道，他认为这类体验能够被自发的物理变化或"动物精神和体液的局部运动"所激发。虽然西方社会中很少有人会意识到这种科学，并且大多数人会倾向于神学解释，但贞德、朱利安和玛格芮的时代见证了听声体验可能会在大脑中出现的开端。

"幻觉"（hallucination）是现代的概念。虽然这个术语已经被普遍使用了一段时日——玛格芮·坎普用的是中古英语里的同义词"妄想"（raveing）——但直到 1817 年，该概念才成为一种精神病症状。法国精神病学家让－艾蒂安·埃斯基罗尔（Jean-Étienne Esquirol）将其定义为"内心确信实际感知到一种没有外界对象的感觉"。听见"声音"、看见幻象和其他异常感知都被归于一个单一的标签之下，与持续性的虚假信念（假想）及错误感知（幻觉）有所区别。

埃斯基罗尔的这种区分至今基本保持不变。我们通常认为，幻觉的关键特征有：在没有任何实际刺激的情况下出现、具有感知力（对体验者来说，幻觉就和任何相关的真实感觉一样真切），以及对自主控制的抵抗力。你可以选择想象一头粉色的大象，或者想象同事的声音；但当你产生幻觉的时候，你没有这样的控制力。用已故的奥利弗·萨克斯（Oliver Sacks）的话来说："在幻觉面前，你是被动的、束手无策的。它们自发地发生在你身上，随性地出现和消失，不论你是否高兴。"

这些体验的共同点在于，它们在不应该发生的时候发生了。用精神病学的说法，幻觉算是一个"阳性症状"：它们表示的是事物的过量，而不是匮乏。因此，幻觉体验能够被普通的感知机制的术语所解释，与其他异常事件分离。17 世纪的内省者、哲学家笛卡尔提出了一个有关幻觉的机械论解释，该解释以拉铃为比喻，用人通过铃声被召唤到屋子里的其他楼层。比如，厨房里的铃声一响，有可能是因为女主人在楼上呼叫服务，但也有可能是因为有人在中间的房间里拉了铃。对厨房里的用人来说，他们无法将真实的召唤与这种错误的、异常的信号区分开来。笛卡尔认为，大脑和身体里的事件机械链支撑着我们的感知，所以传播过程中类似的信号问题就可能导致幻觉。

也就是说，在没有任何实际的外界刺激的情况下，激活这一机械装置，你也许就能创造出听声的异常感知。这种情况就发生在加拿大神经外科医生怀尔德·佩菲尔德（Wilder Penfield）所做的一系列的研究中。在为癫痫患者进行脑部手术的过程中，他在寻找一种方法来扰乱导致他们发作的痉挛。病人在此过程中需要保持清醒，一是因为大脑没有痛觉受体，二来可以形成一种重要的安全检测。佩菲尔德使用电极刺激大脑表皮，以决定手术的最佳位置。开始此项实验时，他知道有幻听症状的癫痫患者的大脑倾向于在颞上回显示出异常活动，而颞上回是内部言语网络的关键区域。果然，当佩菲尔德激活那部分大脑时，患者经常汇报他们听见了"声音"，尤其当刺激发生在非优势半球（一个惯用右手的人的右脑）时。

听觉系统的随机激活，有没有可能至少是一些听声体验的原因呢？在真实的声音感知的情况下，信号沿着听觉神经传输，进入大脑中一个被称为初级听觉皮层（颞上回中的一小块区域）的区域，信号在进入像韦尼克区那样更高级的皮层中心处理之前，再次回到上颞叶。与拉铃的比喻一致，这个系统中的随机激活可能导致在无任何刺激的情况下感知到听觉信号。但是，为什么这种异常感知会时常导致听到人类的声音（在许多例子中，这个声音对体验者来说很熟悉）而非其他声音，这个理论在解释这个问题上有些力不从心。

看来，可能不得不把其他神经区域加入其中。在听声的内部言语模型中，当一个人产生了一段内部言语，但出于某种原因，他不认为这段内部言语是自己的产物，那么他听见的声音就是幻觉。如果这个理论成立，那么在听觉系统中我们期望了解的远不止精神噪声；我们期望看到一个与自己对话的大脑，而出于某种原因，大脑未能将信号识别为由自己产生。按照这个逻辑，当一个人听见"声音"时候，你期望看见的神经触发应该与人们进行内部言语时被观察到的那些类似。根据我们已知的内部言语在大脑中的运作方式，这应该意味着，我们将在类似布罗卡区和颞上回等内部言语网络中观察到激活现象。

最早的内部言语网络的大脑成像研究就考虑到了这个问题。

菲利普·麦圭尔和他的同事于20世纪90年代在精神病学研究所进行了一系列实验，实验运用了一种名为"正电子发射体层成像"（Positron Emission Tomography，PET）的方法，其工作原理是：将无害的放射性分子注射到人体中，并追踪它在人体中的吸收速度。麦圭尔的一项研究显示，相较于没有产生幻觉时，精神分裂症患者产生幻觉时，布罗卡区的激活现象更加强烈，这表明，在这些病人听见"声音"的时候，产生语言的大脑机制也被激活。

　　随着功能性磁共振成像技术的出现，当内部言语和幻觉发生时，研究者有了一个更有力的工具来研究它们。功能性磁共振成像与正电子发射体层成像不同，它通过检测大脑中的血液流速，反过来给神经激活提供了线索。与正电子发射体层成像的区别之一在于，它提供了更好的空间分辨率，这让研究者可以更准确地判断大脑激活发生的位置。但功能性磁共振成像的一个缺点在于，它的时间分辨率较差——换句话说，相较于其他扫描工具，在精准地告知研究者激活何时发生方面，它的表现较差。

　　这种时间分辨率可能在某些情况下只是刚好够展示幻觉如何在大脑中展开。苏克温德·雪格尔（Sukhwinder Shergill）和他的同事在麦圭尔的精神病研究组中工作，他们扫描了两位频繁出现幻觉的精神病患者的大脑。结果表明，幻觉出现的几秒钟之前，这些患者大脑的布罗卡区域被激活。该研究小组之前表明，在健康的参与者的内部言语中，布罗卡区会发挥作用，这似乎确认了内部言语与精神分裂症幻听之间的联系。

　　解释这些研究存在大量问题。与其中一个问题相关的是，当幻觉出现在扫描仪中时，要捕捉到它们非常困难。在雪格尔的研究中，有 6 位参与者必须从分析中排除，有 3 个是因为他们在扫描期间完全没有出现过幻觉，另外 3 个是因为他们的听声体验太过接近。即使你能找到一位按照要求产生幻觉的参与者（回想一下，有关幻觉的那部分定义说明，幻觉不可能像这样被召唤），另一个问题是如何让参与者示意出现了幻觉。一般都是通过按下一个按钮，来示意声音出现了。但这个方法被认为会导致严重的混乱，与之相关的事实是，参与者必须关注他们在体验中发生了什么，然后在幻觉开始时做出一个行动。

扫描期间如果无法捕捉听声这一稍纵即逝的体验，我们可以改为看看在没有听见"声音"的时候，听声者和非听声者对照组相比，在大脑激活方面是否存在任何可靠的差异。苏克温德·雪格尔的团队进行了一项研究，研究中他们比较了健康者对照组与病情缓解了的听声患者之间的神经激活——换句话说，他们并没有尝试捕捉扫描仪中人们的听声现象，而是转为观察两组之间更持久的差异。特别有意思的是，在"内部言语"条件下，参与者在录音中听到了目标单词（"游泳"）后，必须在脑海中默默地完成一个短语。在另外 3 个条件下，参与者被要求创造不同形式的听觉意象，通过默默地用自己的声音重复这一短语，或者通过想象用录音中的声音说出这个短语，并使用第二或第三人称。

在"内部言语"方面，患者和健康者对照组之间不存在差异。相反，实验组之间的差异，只出现在研究者比较激活现象的成像时。想象他人与自己说话时，患者在一系列的大脑区域中，显示出的神经流量比对照组少，这些大脑区域一般与监控自身行为有关。研究者得出结论，这种差异出现的原因在于，用特定的声音（"你喜欢游泳"或者"她喜欢游泳"）产生听觉意象需要自我监控，或者需要记录个人内部产生的内容。而日常内部言语，如本任务定义的那样，被认为仅需要低层次的自我监控，这就是两个实验组在这一方面没有差别的原因。

理解这些研究的问题在于，它们关于内部言语的定义似乎与我们目前遇到的各式各样有细微差别的现象相去甚远。仅仅让人们在扫描仪中默读并不能很好地等同于日常自发性的内部言语。对这些研究的参与者的选择同样存在问题。大多数该领域的神经成像实验，将精神分裂症患者的大脑激活与健康者对照组相比较。这样设计的缺陷在于，即便你发现了两组之间的差异，也无法得知这些差异是与幻觉相关还是与诊断相关。"精神分裂"的大脑看起来与普通大脑有所不同，这可能包括神经病理学、生活经历及药物治疗等多方面的原因。如果你感兴趣的是某个特定的体验，即听声，而不是某种特定的诊断，你最好还是试着去寻找有这种体验，但没有被诊断为患有精神疾病的参与者，他们也没有药物和禁锢反应带来的混乱。对幻听感兴趣的研究者主张，这种方法比研究严重精神疾病患者的大脑更清晰地表明了听声包括哪些方面。

这样的研究还是非常少。迄今为止规模最大的研究，是将 21 位来自荷兰的非临床听声者的功能性磁共振成像信号，与 21 位被诊断为患有精神疾病的听声者的信号进行比较。凯利·迪耶德朗

（Kelly Diederen）和她乌得勒支大学医学中心的同事发现，在幻觉
发生期间，两组人的大脑激活程度没有区别。在威尔士一个规模
小一些的研究中，大卫·林登（David Linden）和他的同事观察了
7 位没有精神疾病的听声者，并且将他们产生幻觉时的大脑激活区
域与健康者对照组产生听觉意象（想象人们在和他们说话）时的
大脑激活区域相比较。两组人都在标准的内部言语网络中显示出
了激活现象，但皮层运动区的一部分——辅助运动区（Supplement
Motor Area, SMA）的激活出现了一个有趣的不同（见图 3）。当健
康者对照组的参与者想象语言产生时，辅助运动区的激活发生在

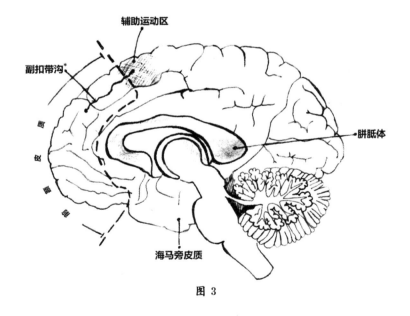

图 3

---

* 副扣带沟的长度因人而异。

听觉区域被激活之前。相反，当非临床听声者产生幻觉时，两个区域的激活同时出现。这与辅助运动区是"自发性"体验的神经基础这一观点相符。在正常想象的情况下，辅助运动区首先触发激活，就像发射出一个明显的信号，说"我做到了"。而对听声者来说，主动产生刺激的信号被产生声音的感知追上了。

辅助运动区在幻听中发挥了显而易见的作用，这一点被芬兰一个巧妙的研究支持，该研究将患者而非非临床听声者作为研究对象。研究者图卡·拉杰（Tuukka Raij）和塔帕尼·列基（Tapani Riekki）比较了两种情况下的功能性磁共振成像激活。在第一种情况下，参与者通过传统的方式按下按钮来表明他正在产生幻觉。在另一种情况下，参与者被要求想象他们之前体验过的幻觉。这样设计的好处在于，相较于威尔士的研究，想象的情况中加入了更类似于实际听声的东西。芬兰的参与者必须重新回想对他们说话的自己的声音，而不是想象别人在跟自己说话这样带有人为痕迹的场景。

和威尔士的研究一样，内部言语回路在两种情况下都被激活。然而，在被要求想象的任务中，辅助运动区被激活的程度比幻听情况下更加强烈。这再次表明了，这种幻觉和正常想象不同，"我做到了"的属性并不明显。那么，构建一个粉红色大象的意象和幻想粉红色大象之间可能存在一个不同点。前者伴随着自发地产生行为所涉及的大脑激活；后者则缺少自我管理的神经标记。作家丹尼尔·史密斯（Daniel B. Smith）指出，这是令人困惑的听声现象所能阐明深刻科学问题的一种方式：在这种情况下，神经激活如何转换成带有主观特性的体验。"有了听声体验，"史密斯写道，"大脑像尼斯湖水怪一样，把头探出水面。人们立刻可以实际'看到'或'听到'大脑。"

尽管现有的研究存在局限性，内部言语模型仍然为理解有关听声的神经科学方面的研究成果提供了一个有用的框架。最令人印象深刻的证据来源于听声者和非听声者之间大脑结构差异方面的发现。就产生内部言语的这部分大脑（特别是左额下回，或者布罗卡区）与感知内部言语的区域（颞上回的一部分，或韦尼克区）之间的联系而言，内部言语模型通常被转换为神经科学语言。回想一下，克里斯·弗里斯及其同事提出的行为监控模型中，信号从产生内部言语的系统传送至大脑的语言检测区域，它发出有效声明，无视它，这是你自己在说话。弗里斯认为，在精神分裂症中，这种信号传送出现了问题。大脑"接听"的部分没有预见到即将到来的信号，因此将其作为外部声音处理。

研究大脑这些区域之间的联系，可以使我们观察是否出现了类似的传输错误。神经科学家在两种大脑物质之间做了很大的区分：以神经元或神经细胞的胞体颜色命名的灰质，以及由神经细胞与神经细胞通信部分组成的白质——笼统地说，就是大脑的线路。研究白质的完整性可以告诉你，大脑的不同部分如何互相对话，或者至少可以告诉你，它们如何连接在一起进行对话。打个比方，就像电话交换机，单纯地研究信息系统的结构，你就可以对它有很多了解，即使实际上没有信号从系统中流过。

对听声的内部言语模型而言，白质特别令人感兴趣。神经线路的延伸（笼统地）将布罗卡区与颞上回中感知语言的韦尼克区相连接。这团纤维被称为弓形神经束。回想一下，假设内部言语中产生一句话，但语言感知区域没有像往常一样得到提示。在弗里斯的理论中，这种情况的发生是因为布罗卡区通常将指令的副本传送至韦尼克区，有效地告知它不去在意即将发生的事情。这个所谓的"效果副本"沿着弓形神经束传送。

白质的完整性确实与幻听有关。研究者除了观察通路的物理结构，还运用了神经生理学方法，例如脑电描记术（electroencephalography），以找出这些大脑区域之间的交流是否被干扰。朱迪斯·福特（Judith Ford）和她耶鲁大学的同事表明，由于接收了效果副本，通常在韦尼克区出现的"抑制现象"没有显著地出现在精神分裂症患者身上。这个解释获得了一项功能性磁共振成像研究的支持，该研究观察了与产生内部言语相比，患者在感知外部言语时大脑如何反应。当他们想象句子时，相较于听到大声说出的句子，参与者大脑"接听"区域的激活更少。该差异在患者大脑中显然没有那么明显了，这表明效果副本在布罗卡区与韦尼克区之间的传输出现了问题。

了解不同神经系统如何互相对话的另一种方法是去观察没有被要求做任何事的大脑，虽然这听起来有违直觉。在千年之交，人们发现参与者在扫描仪中表面上没有做任何事时，大脑也绝非静默。相反，大脑系统之间存在有组织的通信模式（通常被认为是"默认网络"），它们似乎揭示了有关大脑功能组织的重要内容。正常运转的大脑是一台经过精密调整的高度活跃的机器。

　　为了研究这些激活模式，精神科学家运用被他们称为"静息状态"的模式，通常是让一位参与者躺在扫描仪中，盯着固定的十字架。既没有任务和指示，往往也不收集心理和行为数据。观察静息状态的自发激活，可以给我们提供一些信息：当人们没有忙于某项任务时，不同大脑区域如何互相交流（电工会运用类似的方法，用万用电表测试电路不同部分之间的连接状态）。这些研究的结果表明，在有幻听症状的精神分裂症患者的大脑中，静息状态的连接性存在细微的差异。对这些研究成果最好的总结是，它们表明了颞区和额区之间连接性的异常模式，通常情况下，这支持了一种观点：类似布罗卡区那样的额区无法与颞叶中的语言感知区域准确地交流。

　　内部言语模型也已经被在短时间内改变志愿者大脑活动的技术所验证。功能性磁共振成像研究的一个问题在于，它们只能表现出关联性，但不能表现因果关系。特定的激活模式可能与特定的心理状态或认知功能同时产生，但你不会知道它们产生的原因是什么。如果你能进入神经元，改变神经元的触发方式，并且展现出由此产生的心理变化，你就能非常肯定，大脑的变化是心理变化的原因，而不是结果。

　　使用这种技术来诱发志愿者的幻觉，存在明显的伦理问题，即便这种方法比佩菲尔德刺激患者暴露的大脑所使用的方法要安全可靠得多。改变大脑电流活动的做法能否消除患者的幻觉而不是使其产生幻觉呢？一种被称为"经颅磁刺激"（transcranial magnetic stimulation）的方法是在头皮上的一块区域施加快速变化的磁场，从而在皮质中产生电流。当重复刺激版本的经颅磁刺激方法应用于如左颞皮层等区域时，它在治疗幻觉方面取得了一些成功，但是效果并不持久。另一种名为"经颅直流电刺激"（transcranial direct current stimulation）的方法则会在大脑激活中带来更持久的变化，效果会持续 15 分钟左右。在此方法中，志愿者佩戴一个含有两个电极的头带，其中一个电极将电流传递到大脑的特定部分。我的研究生皮特·莫斯利运用以下方法来验证此观点：颞上回与来源监控判断有关，而这种判断被认为在幻听中至关重要。在健康的志愿者样本中，为了增强左后颞上回的活动，他对其施加电流，实验表明，这使得参与者对听觉信号检测任务中的错误更加敏感，这一点之前在听声研究中有所涉及。

这些是有关幻听的神经科学的早期研究。至少听声体验的某些类型看起来涉及内部言语的非典型处理。但具体来说，是什么类型的内部言语呢？正如我们所见，大脑研究者几乎没有着手解决我们脑海中普通声音具有多样性的问题。除此之外，如果幻觉产生的声音来源于错误的内部言语，那么为什么不是所有的内部言语都有错误呢？为什么听见"声音"的人不会一直听见"声音"呢？有一些听声者被几乎持续不断的幻觉困扰，但他们是例外，他们的经历并非常规现象。

答案一定不只存在于大脑左半球的标准语言系统中。在听声中，发现异常激活现象的一个区域是海马体周围的皮质区域，而海马体是大脑记忆的主要部分。凯利·迪耶德朗和她乌得勒支大学的同事运用功能性磁共振成像技术发现，就在精神分裂症患者听见"声音"之前，一个名为海马旁皮质的区域中的神经信号减弱。为什么记忆系统会参与一个被认为涉及错误的内部言语的过程？正如我们看到的那样，我们有充分的理由认为，相较于现在与某人对话，至少有一些听声体验与回忆过去有关。

并且，语言功能通常位于大脑的另一侧，那里有证据表明存在激活差异。回想一下，对大多数人来说，语言处理主要集中在大脑左半球，在类似于布罗卡区及颞上回的语言感知区域等地方。矛盾的是，一些研究显示，当人们在扫描仪中听见"声音"时，大脑右半球表现出了激活现象。伊丽丝·索玛（Iris Sommer）及其乌得勒支的研究小组表明，如果在扫描仪中体验到幻听，与之相联系的是大脑右半球语言相关区域，而非大脑左半球的相关区域（包括布罗卡区，它通常在听声体验期间被激活）产生了更多的活动。虽然通常情况下，大脑右半球的语言区域与语言生成并无多大关联，但也并非全无作用，在因脑损伤造成失语（或语言能力丧失）的患者中尤其如此。在他们之中，这些大脑右半球语言区域与"自动语言"的产生联系在一起，其中经常包括辱骂性和重复性的短语。（患者除了"混蛋"，别的什么都不会说，但他说得很流利，也会适当强调。）大脑右半球语言区域插入了带有特点的短语，是因为抑制此区域，使语言占主导位置的过程失效了，声音——尤其是那些简短、粗鲁和重复性的声音——也许就是这么产生的。西蒙·麦卡锡-琼斯提出，有关大脑右半球语言区域激活的发现，给朱利安·杰恩斯牵强附会的理论——大脑通常为沉默状态的半球的异常激活——提供了一些支持。

　　大脑中如何出现幻听，对此我们仍然有很多需要了解。有些人认为神经科学永远不会证明任何有用的东西，因为在我们需要对体验感兴趣的时候，它描述的是生物过程。但探索大脑中的听声现象帮助我们以多种形式科学地思考这个问题，它当然不会导致简化论者的观点：声音"仅仅"是神经激活。一方面，该领域研究的复杂性给了我们一个令人振奋的提示，关注"这是怎样的"这一问题有多么重要。听声体验有不同类型，而且正如我们所见，其中一些似乎与内部言语并没有太大关系。

　　听声现象一直在提出一些大问题。有意地产生一个行为，并且给人以他们在按自己的自由意愿行事的印象，这意味着什么呢？为什么我们大脑和身体做的一些事情，的确看起来像发生在我们自主控制之外，理解这个有什么启示呢？我们也许都有过自发地说出一些让自己吃惊的话的体验，或者大脑中出现似乎并不属于我们自己的想法或回忆的体验。非自愿地做某事的感觉，有可能真的就和大脑的一部分不和另一部分对话一样简单吗？让我们想象一个世界，那里没有神的声音在指引，荷马的英雄们（用作者的话来说）"一动不动地站在特洛伊的海滩上，像木偶一样"。杰恩斯的理论也许满是漏洞，但他的分析引发了我们的想象。如果我们体验的重要部分不是出自有意识的意愿，我们如何掌控大脑这艘船又意味着什么呢？谁在掌控大脑之船呢？我们又如何面对我们有时无法掌控它的事实呢？

第 12 章

喋喋不休的缪斯

我不会听见"声音"。我从没有过听见有人说话，然后转身去看这声音从何而来，却发现无处可寻的经历。我有过周围没有人的时候听见一个声音叫我的名字这种合理常见的体验，我也常常幻想我的孩子在我的床边，尤其是在他们很小的时候。我有生动的内在生活，但我一直知道我内部对话的声音从何而来。我没有幻觉。

我会在没有人的情况下，听见人们说话。他们不会直接对我说话，但我能听见他们的声音、口音和语调。我知道他们不是真的在那里，因为是我邀请了他们——或者说，至少是我将他们拼凑在一起，作为我之前认识的许多不同人的创作混合物。我赋予他们名字、脸孔和经历。我知道他们喜欢听什么音乐，他们在慵懒的一天如何着装，而且知道他们在浴室的窗台上放了些什么。在小说的字里行间，我能告诉他们要做些什么。（这并不代表他们不会有时候让我大吃一惊。）我从不会将这些虚拟人物误当作真人，但我的确会听见他们说话。你可以说，我需要听见它们。我必须准确记录他们的声音，否则阅读他们故事的人会觉得不那么真实。

一位小说作家这样写道："身为一位作家，我就像在偷听一段对话，或者说偷听很多对话。我不编造对话。我听角色说话，并且记下他们说些什么——就像速记打字员听写一样。"对另一位作家来说，与虚拟角色对话是更微妙的"收听"过程："这是个亲密的过程，就像被允许进入他们的思想一样。他们不和我说话，我也不和他们说话。这更像我被允许进入他们的内部生活。"

角色会说他们要说的话。故事也是如此。我记得那天在地铁车厢上，想到男女在移动邮政车里苟且，我笑出了声。这想法不约而至，它让我非常惊讶，甚至上演了一场公共的欢乐剧。你没办法逗笑自己，因为你知道（也许通过同样的有效副本的传播，能够保证你知道你的内部言语来自自己）执行行为的人是你自己。如果你已经知道了这个笑话，你就不应该再被它逗笑——除非它可能很经典，以前也让你发笑过。如果我让自己发笑了，就一定有一些惊讶的因素——但如果是我自己产生了这个想法，那又会怎样呢？当然，我知道我要想些什么。我选择了这些语句，不是吗？

疯狂和创造力之间存在联系，这一想法的历史由来已久。在古希腊和古罗马，创造力是神圣的干预，是从超自然到人类的一次突破——一次传输误差，也被认为是精神错乱的诱因之一。在济慈、华兹华斯及柯勒律治的浪漫主义时期，创造力被认为是不那么神圣的缪斯女神的成果。之后，弗洛伊德的精神分析将精神生殖力视为发掘潜意识力量的结果，这解释了有意识的自我怎么会对被传递给它的东西感到吃惊。具有创造力,走向智慧的个人,是那些能开启自身外部声音的人。

和普通人一样,最具有创造力的人容易受到各种不寻常体验的影响,但研究表明,这些被证明富有创造力的人患精神障碍(尤其是情绪障碍)的概率特别高。对这种关联的解释之一与基因有关。如果精神病有遗传成分(如它们被充分显示的那样),它们必须带来一些选择性优势,这些优势抵消了它们对健康和生存的负面影响。不然的话,使人倾向于偏执、产生幻觉或者情绪波动的基因应该很早之前就从基因库里消除了。也许,这些不同寻常的思维模式赋予了个人更具创造力的好处:建立不寻常的联系或突破常规思考的能力更强。

作家和原创思想家一样,容易受到这些不寻常体验的影响。然而,作家创造力的疯狂看起来与声音特别类似。作家让叙述者和角色说话,而且纵观历史,有观点认为,当另一种声音注入作家自己的情绪流和思维流时,创造力就产生了。用文学学者彼得·加勒特(Peter Garratt)的话来说,"写作意味着一个人的声音被另一个人的声音打断、接管并呈现出来"。

查尔斯·狄更斯就是这样一位作家。在他职业生涯的晚期,狄更斯开始辛苦地巡回朗诵,他给其著名的角色赋予了声音(据报道,从1853年到1870年去世,他进行了近500次演出)。在这些特别的演出中,除了用语言表演他创造的角色,狄更斯还将创作行为解释为接收一种声音。"当我坐下写书的时候,"他于1841年对朋友约翰·福斯特这么写道,"某种善意的力量向我展现了一切，引诱我对此感兴趣，但我没有创造它，真的没有，我只是看见它，并把它记下。"此外谈及的书是《雾都孤儿》。狄更斯的美国出版商詹姆斯·菲尔斯回忆道："在创作《老古玩店》的过程中，小尼尔到处跟着他；当他写《雾都孤儿》的时候，犹太恶棍即使在他最累的时候也不让他休息；日日夜夜，不论是在海上还是陆地上，小蒂姆和小鲍勃·特拉皮特都拽着他的衣角，像是等不及他回到书桌旁，继续创作关于他们生活的故事。"

其他作家对他们创造力的声音也有过类似的记录。在 1899 年写给威廉·布莱克伍德（William Blackwood）的信中，约瑟夫·康拉德（Joseph Conrad）抱怨自己被其喜欢批评、会自发完成编辑工作的缪斯所抛弃："你知道我写得有多慢！许多想法自己呈现——词语成批地自己表达出来，但做决定的是内在声音：'这很好''这是对的'这个声音已经有些日子没有听到了。但同时我必须活下来！"文学学者杰里米·霍桑（Jeremy Hawthorn）指出，真正听到的是内部声音。说出这句话的不是思维主体，而是一个声音，它偶然来到作家的大脑中，表达了一种他自己不可能想出来的智慧。

弗吉尼亚·伍尔夫与听声之间的关系更加复杂。在她 1927 年的小说《到灯塔去》中，拉姆齐夫人正坐着织毛衣，此时一个声音显然有违意愿地在她脑中响起，声音缓慢庄重："我们在上帝的控制之中。""是什么让她说出'我们在上帝的控制之中'？她心生疑问。这个真理中的伪善激怒了她，让她恼怒。她又继续织毛衣。'怎么会有上帝创造出这样一个世界来呢？'她问道。"虽然我们不应该从有关听声的虚拟描写中推断出作者也有同样的体验，但在伍尔夫的例子中，艺术和生活确实是一致的。父亲于 1904 年去世后，她经历了早期的一次精神崩溃，在对当时情况的描写中，她提到了"那些可怕的声音"。她在 1941 年的自杀笔记中提到，它们是她最后难以忍受的痛苦的缘由："我开始听见'声音'，我无法集中注意力。所以我在做的似乎是最好的事情。"

伍尔夫将自己的听声体验与早期的痛苦经历联系在一起，包括童年遭受的性虐待和欺凌，以及母亲和兄弟姐妹的死亡。在 1925 年的小说《达洛维夫人》（*Mrs Dalloway*）中，她展开了一段有关听声的描述，描写了患炮弹休克症的退伍军人塞普蒂默斯·史密斯的体验。由于朋友伊文斯的死亡，普蒂默斯受到了精神创伤，他不仅能听到被杀害的同伴的声音，还能（与伍尔夫自己报告的一段经历相呼应）听见鸟儿用希腊语唱歌。伍尔夫把创意灵感视作参与了自己思想的"飞过的声音"，并将它比喻为另一个与自己对话的实体，它的影响力能够被创造性行为所消除。比如，当她在伦敦的塔维斯托克广场周围漫步时，《到灯塔去》（*To the Lighthouse*）的内容"以汹涌澎湃、难以抑制之势"向她涌来："我这本书写得很快，而且写作的时候，我不再沉浸在对母亲的思念中。我再也没有听到她的声音，我再看不到她了。"

听声在小说中既能产生喜剧效果，也能产生悲剧效果。在希拉里·曼特尔（Hilary Mantel）的小说《黑暗之上》（*Beyond Black*）中，主角艾莉森将自己重塑为一个维多利亚风格的媒介，她将自己听到的声音，用狄更斯式的戏剧风格"表演"出来，以此来面对自己饱受虐待的童年。曼特尔从痛苦的回忆中取材，并使之服务于富有创造性的黑色喜剧。小说中的一部分集中在一个约 0.6 米高、名为莫里斯的"恶魔"上，这个恶魔游荡在她的更衣室里，玩弄着裤子的拉链。艾莉森精神创伤的恶魔被外化成了形象和声音。在有关作家如何利用听声的讨论中，文学学者帕特里夏·沃认为，我们应该贴近小说家的普遍疯狂，并且试图理解"构成小说作品的内在声音与威胁破坏自我完整性的那些声音之间的关系"。不论他们是否真的幻听，小说家运用虚拟的体验描写来驾驭自我解构，当我们阅读小说的时候，我们都会体验到这种自我解构。

　　曼特尔用自传体的形式描写了声音和疾病之间的关系，并写在了她的作品《血中之墨》(Ink in the Blood)中，她的灵感来自具有精神病患者体验特征的一次住院经历："我的内心独白里有许多人在表演——护士和银行经理占主要位置。我的心里有一块无法呼吸的空白，它需要被填补。"在她的回忆录《气绝》(Giving Up the Ghost)中，曼特尔将其所说的对"听闻"的理解视为创作过程的核心："只有媒体和作家得到了许可，他们被允许独自和一整群虚构的人坐在一间屋子里，听他们说话，回应他们。"科幻小说家菲利普·金德里德·迪克(Philip Kindred Dick)说，他在晚上会听见录音机里发出的声音，创作了一个一百万字的文档"注释"，试图以此解释他从一个精神实体接收信息的场景。在 1982 年他去世前不久的一次访谈中，他描述了从他读书开始，偶尔会听到一个女性的声音对他说话："它所说的非常有限，限于一些非常简短的句子。我只有在入睡或快醒来的时候才会听见这个声音。要听见它，我必须非常敏感。它听起来就像从几百万千米之外传来。"

***

"所有作家都会听见'声音'，"另一位科幻小说家雷·布拉德伯里（Ray Bradbury）在 1990 年的一次访谈中如是说，"你早上醒来带着声音，当它们达到了一定程度，你就会从床上跳起来，试着在它们消失之前抓住它们。"布拉德伯里的观点在有关创造力的讨论中经常听到。席莉·胡思薇（Siri Hustvedt）在她的自传《颤抖的女人》（*The Shaking Woman*）中描写了一个类似于"自动写作"的经历，这让维多利亚时代的唯心主义者非常痴迷："我写作状态很好的时候，经常没有任何创作的感觉；就像我没有意愿创作这些句子，这些句子就写出来了，它们像是被另一人所创作……我没有在写作；我是被写的那个人。"

但是，这些"声音"实际上是什么样的？它们与杰伊和亚当听到的那种侵入式的声音，或者与那些被诊断为患有精神分裂症或其他精神疾病的人听到的声音有相似之处吗？在有关灵感的经典叙述中，创造力的声音确实被听见过：比如，赫西俄德在赫利孔山上听见缪斯的声音，就被解释为真正带有听觉属性的幻觉。但是，作家对接收启发灵感的声音的描述，做了过多字面上的解释，这也存在风险——最终也许只是一种用于描述不可言喻的创作过程的有用比喻。

　　回答这个问题的唯一方法是，更加密切地关注这一体验。作家听见的声音和许多幻听一样，是否有明显的感官特性呢？除了一些对奇闻逸事的记载，有关作家创造力声音的特性几乎没有确凿的证据。在2014年与爱丁堡国际图书节的一次合作中，来自听声小组的一群人开始填补这一空白。超过800位作家将参与这个为期三周的节日，我们将询问他们听到了什么声音。作家"听见"自己角色的声音，这一观点只是一段陈词滥调，还是一个比喻？

　　所有参与那天节日的作家都先被邀请填写一个关于他们听见自己角色声音之体验和问卷调查。91位职业作家——他们专长各不相同，如擅长创作成人小说、青少年小说或非小说——完成了调查问卷。当被问到"你有没有听见过你自己角色的声音"，70%的作家回答"听见过"。对于"你对自己的角色有没有过视觉或其他感官体验？"这个问题，大多数人给予了肯定的答复。约25%的作家说，他们听见自己的角色就像在房间里说话一样，但41%的人表示，他们会进入一段与自己笔下角色的对话。然而，许多作家否认听见角色的声音类似于幻听。一位给成年人写小说的作家说："我'听见'他们在故事的世界里谈论自己，或者和其他角色对话。但他们不会像那样对我'说话'。我不认为他们知道我的存在。我偷听他们说话。"相反，对一位儿童小说家来说，声音有时在外部空间被体验："有时候我正在写作或者正在构思故事，能听见最主要的角色的声音，就好像他们是房间里对我说话的真人。这感觉有点儿疯狂，但它从不会困扰我或者让我不安，因为我仅仅认为这是我自己创作过程的一部分，我运用想象力和写作激发了这些声音。"

作家们反映了这一体验与他们日常的内在体验如何不同:"这和我在脑海中听见自己的声音并无太大差别(我的意思是,当我思考时,不是当我大声说话时)。所以,他们的声音就在那儿,和其他在那儿的每样东西混杂在一起。我现在回想起来,他们的声音总是在右边靠下的地方,我右肩处。我觉得我从没有在左边听见它们。"另一位作家写道:"实际上,它在脑海中听起来像我自己的声音,但来自完全不同的人,而不是像哈瑞宝*那些令人害怕的广告,让成年人用孩童的声音说话。"

填写了问卷调查的约 20 位作家自愿参加了后续的访谈,更深入地探索这些观点。访谈由博士后研究员珍妮·霍奇森(Jenny Hodgson)主导,她将此过程描述为"一幅有关作家想象力神秘成果的、罕见的、有时令人震惊的画面"。几乎所有珍妮采访过的作家都将听到角色声音的体验看作这一过程的必要部分。一位成功的小说家说:"我在听到角色声音之前,不能算真正在写作。我必须能够听见他们的声音,他们如何发音,他们说了些什么,他们说话的风格和他们评论的内容。然后,你从中发现乐趣,希望它再进一步发展。"另一位作家评论道:"角色总是带着声音开始——声音通常会带我进入角色。有时,我可能对一种角色有一个大概的概念,但声音带我进入角色……我写作的时候,声音出现了。当声音经过的时候,它实际上是写作的过程。我不知道它

---

* 德国知名糖果品牌,其小熊软糖享誉全球。——编者注

是不是即时的，但我能听见这个声音。"

后续的访谈也揭示出了作家如何感受主角和配角间有趣的差异。大多数作家表示，他们会寄生在主角的脑中，通过他们的眼睛看这个世界。相反，对配角则倾向于用更加疏离、客观的方式，以视觉感知。一位小说家评论道："他们把自己完全呈现了出来，我能看见他们，也能描述他们……我能听见他们如何说话，但我不会寄生于他们。"和这个观点一致的是，几位作家说他们看不到角色的脸，因此不得不在事后费些功夫为其构建一个视觉外观。一位作家评论道："当我创作一个角色的时候，我几乎看不见他们的脸……它就像一团模糊的东西，像一片剪影……脸应该在的位置像是有一个缺口。"

总而言之，我们的研究成果体现了作家体验的极大差异性，但它们同样支持了这样一个观点：不管是创作虚构的文章还是非虚构的文章，都像是"接听"一个或多个声音，甚至有时声音不是侵入式地被接收（在全面展开的听声体验中就是这种情况）。诗人丹尼斯·莱利（Denise Riley）对内部言语，以及作家如何在内部言语和外部言语中转换，有非常详尽的描述。我和她讨论我们在爱丁堡的发现时，她告诉我"作家接听到不是自己发声的声音是一种近乎尴尬的感受"。

这些文学上的声音是一种内部言语吗？在某种意义上，它们一定是的。没有一位与我们交谈过的作家真的认为，他们的创造力来源于除了他们自身机体之外的其他地方。（大多数听声者也意识到，他们的体验一定由自身造成；问题在于这些声音感觉不像是自己的声音。）但我们对话过的许多作家也表示，这感觉就像收听其他人的声音，一种"穿透"了他们的声音。我们日常的内部言语和对话比起来，是不是更类似于聆听呢？

　　DES 的研究成果表明，这是有可能的。在完善其研究方法的几十年中，罗素·赫尔伯特描述过几种情况。在这些情况中，人们汇报了类似内部言语的情况，但它们都带有一个特点，即他们是听见内部言语的传达，而不是主动进行演说。罗素用录音和回放录音机里自己的声音来打比方，以巧妙地处理他所命名的"内部演说"和"内部聆听"之间的差异。内部演说的感觉是生成正在产生的语言，就像对着录音机的麦克风说话，它是内部言语比较常见的形式。内部聆听则更加容易接受，就像在回放录音的时候听到自己的声音。虽然与所有 DES 参与者所描述的内部倾听的瞬间不同（回想一下，一些 DES 受访者没有报告任何内部言语），但我们观察到了足够多的例子，使其适于将内部倾听与内部演说区分开来。

　　我们在柏林的参与者劳拉就汇报过几次这类体验。有一次蜂鸣器响起时，她正在无声地向自己描述一个近乎灵魂出窍的体验："就像通过电视看着我的手。"她坐在桌子旁，看向自己的左手，看着由位于它旁边的桌面扫描仪的活动引起的明暗变化。在另一种情景下，她躺在磁共振成像机器中，听见自己针对与同事一次有问题的合作说道"还是值得的"。在这个例子中，她感觉比起说话，这更像是聆听，虽然两者兼有。和其他 DES 参与者一样，劳拉汇报说，"演说 - 聆听"之间的差异不会总是明确的，她的体验通常处在两个极端之间。

劳拉被招募进了一个有 5 位志愿者的样本中，样本的作用是为了帮助我们探究 DES 方法是否能够与神经成像相结合。这两种方法之前从没有被结合使用，正确操作这种方法意味着参与者受到了充分的 DES 方法培训，他们在扫描仪中尝试重复这一方法之前能够始终如一、清晰明确地汇报自己的体验。劳拉在自然环境中经过了四天的采样，那之后的一周，她在扫描仪中进行实验。在此期间，她没有被安排特定的任务：她只需要睁着眼躺在那里，不用进行特别的思考（这就是神经学科学家标准的"静息状态"模式）。她必须保持头部完全不动，我们设置好了她头部的位置，以便她能够在笔记本上记下笔记，我们可以通过精心安放的镜子观察她在写些什么。在每 25 分钟内的 4 个时间点，她都会听到一声随机的"哔"声，她必须记下在"哔"声之前那个时刻她的想法，她就是这么被培训的。随后，我们将她拉出扫描仪，用往常的方法对她进行访谈。那天最后，她又进行了一次扫描仪中的实验，并且一天两次扫描仪实验的模式总共重复了五天。

因为劳拉有一些内部聆听的情况，所以我们能够比较她在内部倾听和内部演说的时候其大脑的激活状况。如预期的那样，相较于演说，她倾听时布罗卡区中的激活更少。这与布罗卡区与内部言语的"演说"部分有关这一观点相符。虽然我们不能依据单一的案例进行研究，对内部言语如何在大脑中运作下任何结论，但方法论的融合似乎是一种突破，向我们展示了在它们自然发生的时候，神经成像研究在未来如何能够放大这类体验的瞬间。

有没有其他办法可以获取内部聆听的体验，而不依赖于略微有些难以操作的 DES 方法？受到罗素的启发，我们在问卷调查中加入了一些新的项目来挖掘内部言语的特点。对于"我在用语言思考的时候，它感觉更像我说的，而不是听到的"这句话，我们的 1 400 位参与者中大约有 90% 以某种方式对其表示赞同。对于"当我用语言思考的时候，它更像是我收听的自己声音的录音"这句话，大约 20% 的参与者的反应是，他们"经常"或者"一直"这么感觉。只有大约 25% 的参与者说，他们从来没有过这样的经历。然而，新增的"内部聆听"项目没有汇聚成为一个特定的要素，这意味着内心体验的这种特质还未普及，不能被自我报告式的方法（如我们的问卷调查）所识别，或者说，它需要被像 DES 一样更敏感的方法识别。

看来，至少我们中的一些人有过与贝克特的《无名氏》中类似的体验，我们既是意识叙述的演说家，又是聆听者。内部聆听如何在大脑中运作，劳拉与其他人的体验是否和听见创造性声音时作家所描述的相符，对这些问题还要进行更多研究。为帮助我们解决这些问题，罗素正在寻找愿意参与他的 DES 实验的职业小说家。他也对非职业写手进行了大量的采样，而他们就写作过程中内部言语在脑海中如何发声有很多话要说。虽然他还没有进行过系统性研究，但多年的观察表明，内部言语在人们写作过程中非常普遍。你经常可以看到，孩童在写字的时候在口中默念所写的字，甚至将它们大声说出。在我女儿雅典娜能够真正写字之前，她边在纸上练习涂涂画画边自言自语，重复地说一些话，比如"一、二、三、四"，以及"妈妈、爸爸、我"，即使她用蜡笔画下的记号和书面语言没有任何相似之处。由此表明，她理解语言和在纸上画记号之间的联系，这种理解将对她在学校开始学习更正式的写作有帮助。

这些随意的观察被更实质性的研究，即在写作过程中内部言语发挥何种作用所支持。维果茨基著名的学生、神经心理学家亚历山大·罗曼诺维奇·鲁利亚（Alexander Romanovich Luria）观察到，当孩童被要求张着嘴或将舌头一直放在牙齿之间时，写字错误会有所增加。维果茨基指出，在准备大声演说时，内部言语能够起到重要作用。不仅如此，内部言语也可以作为创作的开端："我们经常在写作之前把我们要写的东西说给自己听。我们要的是一个思想的粗略草稿。"写作的过程是一个将支离破碎、简洁精炼的内部言语重新扩展的过程。

事实上，有关写作的一个重要的心理学模型认为，口头语言过程完全支持写作，这意味着写作发生的时候，内部言语也应该在同时进行。毫无疑问，孩童不断进步的写作水平似乎落后于他们的口头语言，这表明口头语言需要发展到一定阶段，写作水平才会得以进步。有关大脑损伤的研究也表明，人在口头语言能力受损之后，容易出现写作缺陷，虽然并不是所有人都如此。在之前描述的例子中，对那些因为中风而失去了说话能力的病人而言，内部言语对阅读来说并非必不可少——对写作也并非必不可少。另一个更有力的例证源于对一位来自撒丁岛的"乐于配合、活泼可爱"的 13 岁少年的研究，他患有完全性口腔失用症——完全失去说话或产生任何语言性声音的能力。尽管如此，这个男孩仍然达到了正常的阅读和写作水平，在接下去的 10 年中像正常人一样继续成长，他获取了农业学学位之后在当地的一个行政单位任职。考虑到他绝不可能发展出内部言语，他的例子有力地表明了，和自己对话的能力并不是写作的必需条件。

这种能力也许不是必需的，但内部言语无疑是写作过程中的有利工具。在一项为深入探究这种联系而设计的研究中，南加利福尼亚大学的詹姆斯·威廉斯（James Williams）在一次标准的写作水平测试中，将两组学生分别认定为平均水平之上及平均水平之下。参与者必须就两个主题进行连续 15 分钟的写作，任务一是重新记录从他们进入实验室那刻起发生的一切，任务二是讨论他们会如何解决伊朗的人质危机（进行该研究的时间为 1979 年到 1981 年的德黑兰危机之后不久）。当学生无声地写作和思考时，威廉斯测量了舌头、下嘴唇及咽喉的发音肌的肌电活动，并以此表示内部言语的运用。

其原理是，学生用于遣词造句的内部言语的数量各不相同，并且与他们的写作水平相关。如预期的那样，低于平均水平的那组在任务暂停期间表现出更少的肌电活动，而如果是一位熟练的作家参与试验，我们可能会预期他将运用内部言语来计划他下一步的创作。这不仅仅是不那么擅长写作的作家使用内部言语的可能性更小那么简单，因为他们内部言语的活动在写作中实际上更强烈。所有这些都和以下观点相符：内部言语，正如通过测量相关肌肉的电流活动所显示的结果那样，简化了书面句子产生的过程。你越多地使用内部言语遣词造句，创作出来的文章质量就越高。

许多作家都说写作的时候需要安静。开着音乐我就无法创作，任何口头语言都会让我分心（当我试着在火车的"安静车厢"里用笔记本写作时，我经常感知到这一现象）。造成这种现象的一个原因可能是，我们周围其他人说话的声音，或者一段声乐中的歌词，会创造一种被心理学家称为"无人参与的语音效应"的现象，于是，即使是非主动接听的语音，也会阻碍工作储存系统中的语音回路组件，因而干扰我们创造内部言语的能力。因为器乐不会激活我们大脑对语言的自动处理，所以它的效应会弱一些。然而，对我来说，即使是器乐的节奏也会干扰到我试着在脑海中建立的语言结构。一些不那么挑剔的作家说，播放音乐完全不会干扰他们写作，甚至有歌词的音乐也是如此。也许他们的写作模式更加视觉化，不那么容易受到语言的影响。在任何情况下，假设这些过程对所有职业或非职业作家的作用都一样是很危险的。

我们也不应该忘记，写作的很大一部分是阅读——不仅是阅读已经存在的书籍，还有我们自己的作品。在一篇有关创造性写作过程的论文中，小说家大卫·洛奇（David Lodge）写道："名义上花在'写作'上 90% 的时间实际上是花在阅读上——阅读你自己……它从本质上将写作与说话区分开来。"作家（尤其在间隔了一段时间后）阅读自己作品的部分价值在于，赋予自己一个机会来评估作品对读者的影响。在我们的研究中，好几位作家说他们需要听一听他们的角色在脑海中发出的声音，从而确认他们没有弄错，回过头去阅读是实施这种检验的重要方法。弗吉尼亚·伍尔夫曾用自己的内部言语来实施这种检验。路易·梅耶（Louie Mayer）几十年来一直是伍尔夫的厨师和管家，他回忆道，曾经不小心听见弗吉尼亚在楼上的浴室对她自己说话，试练她前一天晚上写下的句子："她一直在说话、说话、说话，自问自答。我以为一定有两个或三个人和她一起在上面。"伍尔夫的丈夫伦纳德向这位深表困惑的管家解释道，弗吉尼亚只是在试练她的文章。她不断对自己重复句子，因为"她需要知道它们听起来是否正确"。

　　作家与他们创造性的声音之间的关系非常复杂，他们会运用不同的方法，使他们自己的文章"不那么熟悉"，然后以一个新读者的眼睛来看它。然而，正如我们所见，有很多种方法让作家对涌现出来的语言感到惊讶。在爱丁堡研究中，我们调查对象中的几位观察得出，他们的体验在某种程度上超出了他们的控制。小说中的角色似乎获得了自主权，一旦被创造他们的大脑所想起，这种状况就会持续下去，就像听声者报告他们听见的声音大部分时候不受自身控制。关于这个话题，狄更斯对他的出版商菲尔德说："一旦我大脑里的孩子们被创作出来，他们就摆脱了我，自由自在地进入世界中，他们有时候会以最难以预料的方式出现，看着他们父亲的脸。"有一次，菲尔德回忆说，狄更斯曾劝他和自己一起过马路，以免撞见潘波趣先生或者米考伯先生。

　　在最后一章里，我们将看到这种陌生的体验能告诉我们内部言语和听声如何在心中和大脑中工作。考虑这个问题的一种方法是将它与另一种幻觉联系起来，这种幻觉通常被认为是毫无害处的。在 4 岁到 10 岁之间，三分之一到三分之二的儿童会和不存在的人一起玩耍、对话、探险。和假想的伙伴一起玩耍，曾经被认为是一种家长应该担心的现象，现在则被视为孩童成长中完全正常的一部分（以至于当我在讲话中提到这个的时候，家长有时会问，他们的孩子没有假想的伙伴，他们是否应该有所警觉）。成年小说家创造出来的角色在多大程度上与孩童的假想玩伴相似呢？

这个问题被俄勒冈大学的心理学家玛乔丽·泰勒（Marjorie Taylor）解决了，她是世界上研究假想玩伴的权威专家之一。经过多年对孩童中这种现象的研究，泰勒将她的关注点转移到假想的朋友是否会持续到成年，尤其是在富有创造力的人当中。有限的证据将假想玩伴和想象过程联系在了一起。在一项研究中，那些回想起在童年拥有虚拟朋友的学生，在有关创造力的自我报告测量中得分更高。在另一组学生样本中，有假想玩伴的学生在人格维度中得分更高，而这一维度与人们对自己想象行为的专注程度相关。

泰勒注意到，孩童的假想玩伴总是表现不佳或者违抗创造者的要求。泰勒和同事观察到，这种同样不顺从的特点体现在一些成年小说家描述的他们与自己角色之间的关系中。比如，菲利普·普尔曼（Philip Pullman）曾经描述过，他必须和一个特定角色（库尔特夫人）协商，使她允许他在《琥珀望远镜》（*The Amber Spyglass*）的开篇将她放进一个山洞里。约翰·福尔斯（John Fowles）在创作其小说《法国中尉的女人》（*The French*

Lieutenant's Woman）的时候曾写道："只有当我们的角色和事件开始违抗我们的时候，它们才开始变得鲜活。当查尔斯把萨拉留在悬崖边上的时候，我命令他直接走回莱姆里吉斯。但他没有，他不经意地转身去了乳品场。"

泰勒接着访谈了 50 位作家，询问他们对自己的角色有何感受。大多数人报告称，在某些情况下角色会表现得不受作者控制，泰勒称之为"独立机构的错觉"。42% 的作家报告说，他们在童年时期有假想玩伴，这个比例比受访的普通成年人要高。50 位作家中有 5 位说，他们童年时期的假想朋友现在仍然存在。即便知道其有过假想玩伴的历史，也不能预测作家在多大程度上容易受到不顺从的角色的影响，但这也许是因为在作家这个样本中，独立机构的错觉十分普遍。相较于还没有看过自己作品出版的作家，已经出版过作品的作家更容易受到这种幻觉的影响，虽然两者之间的差异并不显著。

虽然我们询问的是小说中的角色而不是假想玩伴，但不顺从的特质也会出现在我们与作家的访谈中。一位成人小说家说："让我高兴的是，我的角色不会附和我，有时候他们会要求改变我在写的故事轴线，而且一般来说，他们跟我说话只是为了让我高兴。"作家察觉到他们"弄错了"的一种方法是，试着把句子交给角色复述，却感觉这不是这个角色会说出来的话。然而，很少有受访作家会感觉到，他们能够和自己的角色进入一段真正的对话。他们可能会向角色提出一个问题——"你为什么要这么做？"或者"你现在在做什么？"——但不真的指望获得回应。

当这种关系结束的时候，对许多作家而言，有些单方面的本质就涌现出来了。当小说完结、声音消失的时候，我们的一些受访者会有类似于丧亲之痛的感觉——如果声音确实消失了。一位儿童读物作家描述道，某些角色的声音会闯入不属于他们的故事世界中："我可能正在写一个系列的一本书，忽然听见（在我脑海中）一个不同系列中的另一个角色的评论。或者我正在描述一个场景，忽然我听见或想到不同角色可能对此有什么反应。即使他们不属于那本书或那个系列。"剧作家尼克·迪尔（Nick Dear）说，他在《废墟》（*In The Ruins*）里写乔治三世的独白时，是在完成了另一篇有关这个主题的文章之后，发现"那个老男孩就是不闭嘴"。在一次电台采访中，编剧萨拉·菲尔普斯（Sarah Phelps）对类似经历进行了描述："你切实地感受到了这种实实在在、痛彻心扉的丧亲之痛，这些曾经如此鲜活、有血有肉、充满紧迫感的人现在已经不在了……你脑海中的人有时候会比你平常遇到的人更加真实。有时候，它确实感觉像疯癫的一种形式。"

幻听在填充人们穿行而过的假想风景中发挥着类似的作用。学者丽萨·布莱克曼（Lisa Blackman）描述了她母亲听到的声音如何装点了她幼年时期的奇幻世界。它们成了她的玩伴——熟悉的访客和对话者。那时她母亲正在接受氯丙嗪和电休克治疗，而且有人为十几岁的丽萨提供遗传咨询（她拒绝了）。这个孩子和她母亲进行声音互动的一种方法是玩一盒不同颜色、不同大小和不同形状的铅笔，每只铅笔基于她母亲的声音都有个名字，有独一无二的特点和人格。"我会在房间里花几个小时，"布莱克曼告诉我，"构建不同的设定和场景。我就躺在地板上捡起不同的铅笔，在它们互相对话的时候移动它们。这就是我的奇幻世界。"尽管丽萨在父母患有精神疾病的屋檐下生活困难重重，但她觉得自己在患病时期对母亲的了解比任何其他时候都多。她现在将自己描述为一位"荣誉听声者"，通过独特的个人体验，适应幻听的神奇世界。

正如作家运用内部言语的多重声音来构建虚拟世界，他们也可以从更直白的幻听中创造意义。对帕特里夏·沃来说，小说是"由声音构建的虚幻世界"：不只是内部言语的日常声音，还有更具侵略性的外来的幻听。描述没有实体的声音可以是一个有利的小说工具。在萨尔曼·拉什迪（Salman Rushdie）的小说《午夜之子》（*Midnight's Children*）中，在印度独立的那天，主人公萨利姆·西奈（Saleem Sinai）听见了所有其他孩子的声音，他们在午夜整点出生，实实在在地为这个独立的国家齐声献上赞美。威廉·戈尔丁（William Golding）的小说《品彻·马丁》（*Pincher Martin*）不加区别地使用了内部和外部的声音，重现了溺水主角的意识。在苏格兰小说家穆里尔·斯巴克（Muriel Spark）的第一部小说《安慰者》（*the Comforters*）中，作者以虚幻的敲击打字机键盘的声音创造了一个故事世界，在这个世界里，作家卡洛琳，也就是主人公，听见自己的行为被重述。和之前的伍尔夫类似，斯巴克的写作出自个人体验。大约在 20 世纪 50 年代初，她转而信奉天主教，她非常确信诗人艾略特试着通过加密信息和她交流。这种虚拟和现实世界之间的困惑，在小说中也困扰着卡洛琳。

　　当然，你不需要自己听见虚幻的声音才能够利用他们的力量来创作小说。珍妮采访过的许多作家都谈到他们会听见自己角色的声音，但他们的体验很少像斯巴克和伍尔夫描述的那么公开。所有这种有关"创造性声音"的讨论都只是一个比喻吗？谨慎一些是很明智的。丹尼尔·史密斯提出，当你以长远的眼光看待这些观点如何在西方文化中被表达时，提供灵感的声音与赫西俄德在赫利孔山上听到的那些声音比起来，似乎少了些实质性的东西。艺术家、诗人威廉·布莱克（William Blake）经常谈到，他会听见那些鼓励过他的人的声音，其中包括已故的兄长的鬼魂："我每一天、每个小时都在和他的灵魂对话……我听取他的建议，甚至他说什么我现在就写什么。"和一些认为艺术家真的会产生幻觉的现代主张相反，史密斯认为，布莱克只是打了个比方，为了让不那么有天赋的人可以更容易地理解艺术家的灵感，而且他也许有些怀念真能听到缪斯的声音的那段时光。

　　是时候回到我们一开始的问题上，并再次发问了，这些创造性声音是否真的和精神病患者抱怨的声音有什么相同之处。"幻觉"这一限制性标签当然在这里使用受限。幻觉被认为是非自愿性的，在体验者的控制之外——一个不听话的假想玩伴或者一个具有破坏性的虚拟角色，是否必然被排除在这个定义之外，这一点仍不明确。许多听声者（如杰伊）会说，他们对自己的声音有一定的控制力，有时候甚至可以命令它们消失，然后在特定的时间再让它们回来。因此，甚至一些典型的幻觉都没有真正验证这个术语，正如奥利弗·萨克斯指出的那样，许多不同形式的体验模糊了幻觉、妄想和假想之间的界限。像杰伊那样的人，知道自己身上在发生什么，而且能够控制自己的反应，你可以说他只是拥有他人所缺乏的"洞察力"。问题在于，在缺乏任何有关洞察力的客观定义的情况下，所有推理都不过是在原地打转。

关于作家的体验，我们能说的一点是，在某种意义上，作家会主动寻找声音。我最近刚写完一本小说，我能想起许多时候我会主动将自己放入那些声音之中。像诺里奇的朱利安对她的启示一样，作家让自己对这种体验报以开放的态度，然而深受幻听困扰的患者绝不会这样做。众所周知，专注地想象会模糊虚拟和现实之间的界限，就像研究发现所验证的那样：想象从未发生的事情，增加了对其产生错误记忆的可能性。考虑到主动想象在这个过程中发挥的重要作用，不急于不加批判地得出作家和听声者的体验相同这一结论，就更加重要了。这是珍妮与职业作家面对面访谈如此珍贵的一个原因，因为相较于我们依赖问卷调查或者公众采访所获得的结果，这些访谈可能对创造性过程有更加令人清醒的描述。

我们应该将创造性声音认作一种丰富的内部对话，从这个角度来看，经历和回忆以一种形式多样、困难重重、焕然一新的方式聚集。我认为这个解释行得通，甚至感觉在偷听声音，而不是主动参与到对话中的时候也是如此。虽然声音时常带有强烈的"他人"的味道，但它们都源于内在——所有的声音都是。把它们结合在一起，类似于自我组装："不是作为一个内分泌系统，"用帕特里夏·沃的话来说，"而是一种跨越了身体、心灵、环境、语言及时间的体验。"希拉里·曼特尔对这种自我创造的行为展开了优美的描述："有时，我感觉每天早晨都有必要写作……当你在纸上写了足够多的字时，你感觉自己的脊梁骨都是挺直的，足以在风中矗立。但当你停止写作时，你发现你自己只是一根骨头，一根咯咯作响的脊柱，像一支旧羽毛笔一样干枯。"

最后应该说说另外一位小说家了。珍妮特·温特森（Jeanette Winterson）在其回忆录《正常就好，何必快乐？》（*Why Be Happy When You Can Be Normal?*）中描写了她自己的体验："我经常听见'声音'。我意识到，这让我堕入了疯狂的那类人当中，但我不怎么在乎。如果你和我一样相信大脑希望自我愈合，心灵寻求一致而不是解体，那么不难得出结论，大脑会表现出什么是必要处理的任务。"在 2004 年的一次采访中，她说道："作家必须有聆听的诀窍。我需要听见自己所创造出来的声音对我说的话。创造力的摇篮与疯人院仅有一线之隔——我经常注意到，当我大声说话的时候，人们会用奇怪的眼神看着我，但别无他法。"

第 13 章

来自过去的讯息

"我不知道。虽然听起来很蠢，但有时候他会说一些确实有趣的事情。"

说话的人是玛格丽特，一位 70 来岁的女人，她面容明艳，看上去很坦率，带着温柔的微笑。她今天和女儿一道前来，女儿迫切地想要得到建议，来帮助她母亲应对经常听到的声音。屋子里大约有 20 个人。除了一些临床心理学家和一些学术研究小组的成员，这儿的每个人都是经验丰富的专家。我们在一个春寒料峭、阳光明媚的下午聚集在杜伦大学的会议室里。特邀嘉宾杰奎·狄龙（Jacqui Dillon）和我们一起主持这次活动，他是英国听声网络的主席，也是我们项目的一位老朋友。

"对，我的声音也会说有趣的事情。"

玛格丽特在进入这间屋子之前，从来没有遇见过别的听声者。现在，她被听声者包围。我看见她与朱利安交谈甚欢。朱利安是一位和玛格丽特年龄相仿的作家，已来和我们谈论过几次她的体验。两位上了年纪的女士，一边品茶，一边谈论她们脑海中的声音。朱利安是个老手了，但玛格丽特则刚踏入全新的领域。她看起来容光焕发，得到了蜕变。我有种感觉，一个生命可能就在我眼前发生了变化。

那天我一点儿都不觉得无聊。我和一位肤色黝黑的中年男人交谈，他习惯自己一边笑一边说话。他说他的声音救过他的命——救过两次。（他没有展开说明。）艾莉森也被声音救过。她40多岁，留着短短的灰白色的头发，当你和她对话的时候，她严肃的表情会转变成大方的微笑。她以前是个扒手，有一次她刚逃离距盗窃现场一街之隔时，听见了一个声音喊道："停下！"她忽然停了下来，当她在下一个拐角处转弯时，她看见一辆车撞向正前方的墙壁，摧毁了一根路灯柱。艾莉森认为，她的一些声音拥有内部起源，而其他声音则来自她所说的"宇宙意识"。她说，我们的思想和所有生物的思想都连接于一个单独的个体。我不确定我是否赞同她的观点，但我相信她的解释。我相信她信任它，而且它对她有帮助。

今天这场社交活动是为那些有听声体验但还没有加入听声小组的人举办的。有很多关于借此机会设立新小组的讨论，人们互相交换电话号码。听声小组由拥有听声体验的人为自己所设立并管理——我被排除在外——所以这是我能够亲自参与到小组之中距离最近的一次了。房间那一头是西蒙，他患有脆性 X 染色体综合征（Fragile X Syndrome）。他的看护者告诉我们，西蒙感到沮丧，因为他认为别人都能听见他的声音，而为了愚弄他，周围的人假装听不见。他的看护者来自帮助智障人士的慈善机构，但和她的大多数同事一样，她在听声方面没有经过任何培训，也没有任何经验。她曾来过这里，试着获取一些怎么帮助西蒙管理他声音的想法。当亚当向小组成员讲述自己的经历（他描述了"首领"让他做的那些事情，并小声咒骂）时，西蒙笑了。亚当是我们项目的老朋友了，并且他现在作为专家在对新人演讲——像杰奎一样，他曾进过神经病科，然后又从那里出来，虽然不会总是那么快乐，但能和他的声音和谐共处。

另一位参与者理查德在一次工作会议后开始听见"声音"。说着话的人们已经走到了办公室的另一端，但他们的声音还跟随着他。他们在谈论他的妻子，据说她瞒着理查德有外遇。他离开办公室，冲回家和妻子当面对质。他们爆发了一场激烈的争吵，最后理查德进了监狱，但在监狱里声音仍在继续。后来，他变得越来越容易妄想，最终被诊断为患有偏执型精神分裂症。他将自己的两次精神崩溃视为压力的结果，其中包括一次失败婚姻中的争执和支撑一个年轻家庭的压力。他听见"声音"的时候，那些声音就像和他在一间屋子里似的。作为康复治疗的一部分，他受邀写下一段关于自身体验的叙述："我记得，我正在母亲家中喝茶，忽然一个声音出现在我脑海中。那是一个街道地址，而且很清楚……我还记得，我抬起头就像能看穿自己的大脑，我笑了。我记得声音说'你在笑'，像是让我的思考打住。我不知道这到底是怎么回事，因为声音如此清晰，简直就像在我的脑中炸开。"

许多出席今天活动的人，都讲述了有关压力和心理创伤的故事。这样的群体走到一起，围绕着一个最初的假设：声音是有意义的，它们会传递有价值的情绪讯息。声音可能拥有深刻的人文内涵，这一观点有很深的渊源，比如，作为代表的心理学家荣格的理论。他认为幻觉中包括"意识的萌芽"，如果能够做准确的鉴定，就可以将其视作治疗过程开始的标志。但它与精神病学传统的生物医学观点相对立，生物医学观点倾向于将声音视为神经垃圾，是大脑中毫无意义的小问题。埃莉诺·朗登以她受人欢迎的TED 演讲为基础，在其扣人心弦、让人痛彻心扉的书《向我脑海中的声音学习》（*Learning From the Voice In My Head*）中，描述了她学生时期的精神崩溃是如何一步步被诊断为精神分裂症，并且被告知是不治之症的。埃莉诺听到的第一个声音是善意的，它用第三人称评论她的行为："她正要离开这幢楼。""她在开门。"声音一直是中立的，但出现的频率增加了，有时候会反映出埃莉诺自己未表达的情绪，比如，声音带着愤怒的语调，反映出了主人压抑着的怒气。当埃莉诺向一位朋友提到自己的声音，和声音的这种积极的关系就开始瓦解了。埃莉诺被敦促去寻求医疗帮助，她的校医将她转诊给了一位精神病医生——她开始了从一个尖子生到畏畏缩缩、堕落退化的精神病患者之旅。一位精神科顾问医生告诉埃莉诺，她得癌症也比得精神分裂症好些，"因为癌症更容易治愈"。

和许多其他人一样，埃莉诺也受益于"听声运动"赋予她的另一种理解。经历过医院残酷的日子后，她接受了一位开明的精神科医生派特·布莱肯（Pat Bracken）的治疗。他帮助她理解到她的声音不是疾病的症状，而是一种生存策略。她被自己的经历所摧残，但她的心灵却挣扎着去适应。埃莉诺开始明白，她的声音来源于她小时候遭受的可怕的、有组织的性虐待。"那是一种亵渎，"对于她遭受的虐待，她这么写道，"一种难以表达的玷污，它让一个孩子的心灵破碎成了千千万万个小碎片。"埃莉诺现在是一位在学术上卓有成就、条理清晰的年轻女士，她变得擅长以平静的脸孔面对世人。但在这个外表之下，是一颗被"心灵内战"撕扯得支离破碎的心。

在布莱肯的帮助下，埃莉诺决定弄清自己声音的意义。她了解到荷兰精神病学家马吕斯·罗姆（Marius Romme）的理论，这个理论称声音是信使，传达着有关未解决的情绪问题的重要信息。用罗姆的比喻来看，仅仅因为讯息的内容不那么让人愉快就把信使给枪毙了，这是不合理的。相反，"听声运动"的做法鼓励听声者试着去理解声音正在表达的导致情绪压力的事件。"我们应该问的问题，"埃莉诺说，"不是'你哪里不对劲'，而是'发生了什么事'。"

这项运动起源于罗姆和他的一位病人之间特别的治疗伙伴关系，这位病人是一个名为帕齐·黑格（Patsy Hague）的年轻荷兰女人。罗姆作为一个接受过传统训练的医生，他的本能是将黑格具有毁灭性的、令人困扰的声音看作一种生物医学疾病无意义的症状。但黑格坚持说，她的声音像她向周围祈祷的神灵一样真实和重要。她受到朱利安·杰恩斯关于我们的祖先在伊利亚特时代有过神明对他们说话的体验的影响，而且她的经历与杰恩斯所谓的曾经的默认思考模式非常接近，这让她深感安慰。正如她向罗姆说的那样，她对理解自己外来声音的顿悟是一个简单的认识：

"我不是精神分裂症患者，我是个古希腊人！"

罗姆对他病人的看法开始转变了，他开始更认真地对待她的说辞。当他们一起出现在荷兰的电视节目上讨论他们一直在进行的研究，并且请求听声者和他们联系时，他们收到了铺天盖地的回复。联系他们的人中大约有150位找到了和自己的声音和平共处的办法。随着行动的继续推进，它的基本原则开始建立起来：听见"声音"是人类体验的一个常见部分，它有可能会让人感到抑郁，但从根本上来说，并不是某种疾病的症状。声音承载着有关情绪真相和问题的讯息，通过重视并加以适当的协助，可以被妥善处理。用丽萨·布莱克曼的话来说，声音"说出了我们不能说的话"。不管它们有多不让人愉快，多使人压抑，它们都携带着需要被听见的信息。

罗姆和他的合作研究员桑德拉·埃舍尔（Sandra Escher）开发了一种与听声者一起共事的方法，现在这个方法被称为马斯特里赫特方法。"我们询问声音所包含的意义，"罗姆告诉我，"强调它们的特质。"埃舍尔接着说："在我们的第一项研究中，我们询问声音说了什么，它们代表了谁，它们是如何形成的。随后，我们试着将其与这个人生活中发生过的事情，以及它如何在情感上影响这个人联系起来。与我们共事过的人中大约有90%的人有明显的情绪问题。"马斯特里赫特访谈询问了关于不同声音的问题，它们第一次出现时听声音的年龄、个人经历的困境，以及声音在受到不同刺激时如何出现。当埃舍尔和罗姆在达勒姆成为我们的客人时，作为埃舍尔主导培训的一部分，我自己也运用了访谈听声者的方法，远比检验这种体验而设计的大多数工具要详尽得多。尤其值得注意的是，它要求听声者对他们声音的起源有自己的解释，其中包括以下回应选项，包括声音来自真实的人，类似于神、鬼、天使、精神和魔鬼之类的超自然实体，还是对他人感受到的痛苦的表达。这次访谈的最终目标是创造一个罗姆和埃舍尔所谓的"结构"，一种对听声者的经历，以及这种经历与个人生活中的事件之间关系的详细描述。

在创伤事件中，寻求他们体验的起源，对很多听声者来说是一种有力的方法。亚当在学生时期被欺辱的早期经历证实了自己是个敏感、思虑过重的人，之后他成为皇家陆军炮兵。几乎在一夜之间，这个脆弱的男生被要求成为一个具有攻击性的人。在受训期间，他开始在控制脾气方面出现问题。他有几次砸烂了自己的房间，在愤怒之下击打地板。他报了愤怒管理课程，但没有去上课，而是自愿前往伊拉克。在向南移动时，他为炮兵连连长以及信号中士提供了很好的掩护。他在旅途过程中得到了很大的支持和有益的精神治疗，2004 年从伊拉克回来之后，事情才真正恶化。2007 年，他离开部队从事铸造操作员的工作，专门铸造天然气和石油管道。虽然他很喜欢这份工作，但他的声音以新的力量卷土重来。这些声音既刻薄又挑剔，尤其是"首领"。从此，它从没有离开亚当半步。

亚当参加了埃舍尔在达勒姆的培训课程，该课程以听声者在一次公众活动中讲述他们康复的故事告终。甚至当亚当将他的故事写出来，表达希望有一天能消除他的声音时，"首领"都会试着说服他，让他把写的东西删掉："滚开，我一辈子都会在这儿。"通过和埃舍尔的合作，亚当开始理解他的听声体验来源于他学生时期遭受的欺凌。恢复之旅对他来说更为漫长。在我们的协助下，他做了一个关于自己体验的短片《又一个亚当》。自那以后，我们在很多场合展示过这段短片，尝试消除对于听声体验的偏见。当BBC主持人西安·威廉斯问亚当，如果没有"首领"的存在，他会是什么样的人，亚当没有答案。"我现在知道的是，我是一个听声者……这就是我是谁。我不认为任何人能够剥离掉自己的身份。我不认为我想要一个他不在的空间。有时候，他很烦人，他让我不舒服。但我不知道没有他，我会是谁。"

"听声运动"的做法，用杰奎·狄龙的话来说，"像野火燎原般蔓延"。在23个国家中存在组织网络，现在单单在英国，就有超过180个听声小组。这项运动在美国也逐渐发展起来。当我2010年上美国国家公共电台的《电台实验室》节目谈论听声时，制片方费了一番功夫才从听声小组里找到人和他们对话——那时候在纽约没有这样的小组。（2015年上半年的时候，这样的小组有6个）。该组织制订了完善的计划来创建区域网络，并推动这项运动在大西洋地区加速发展。随着生物精神病学核心区域的发展，这已经成为实实在在的全球现象。

这项与杰奎和埃莉诺联系如此紧密的运动的基础是，关于声音来源的特别想法：声音的根源在于创伤性事件，这些事件导致了未解决的情绪问题。乍一看，这和"声音是内部言语异常处理的结果"这一观点截然不同。它没有指引我们往大脑的语言处理和语音感知网络的方向去考虑，而是表明我们应该找寻声音和创伤性记忆的关联。从临床角度以及个人口述的证据来看，这是非常合理的。但是，有什么科学的方法可以支持声音是关于过去的记忆这一观点呢？

解决这个问题的一个方法是，问一问这些听声体验是否拥有回忆的特质。西蒙·麦卡锡－琼斯和他的同事深入分析了将近200位幻听患者的现象学访谈，他们中的大多数人被诊断为患有精神分裂症。超过三分之一的听声者报告，他们的声音似乎在某种程度上是以前和他人进行过的对话的重放。这群人当中只有少部分人认为，他们的声音涉及过往经历的文字复述，而且大多数人声称他们听到的声音是"类似的"。

另一个办法是，看看那些听见"声音"的人在处理记忆方面是否会表现出某些差异。弗拉维·沃特斯（Flavie Waters）和她在西澳大利亚大学的同事提出，幻听是因未能成功抑制住与个人现在所做之事无关的记忆造成的。有这种体验的人特别不擅长将无关信息排除在意识之外，这一观点获得了沃特斯实验研究的支持。再加上情景记忆（事件发生时有关情景细节的回忆）方面的问题，这会导致记忆入侵缺少语境依靠的意识，通常会让我们将其看作一种回忆而非幻觉。

另一条证据来自与创伤的关联。现在有非常有力的证据表明，听声和早年的不幸之间存在关联，特别是儿童性虐待。在由理查德·本陶主导的最近一项研究中，在幼年时期被强奸与之后生活中幻听的产生紧密相关。为了表现这种关系的强度，本陶把它比作吸烟与肺癌之间的关系。他还观察到了剂量－效应关系，这意味着个人经历过越多磨难，听声的风险就越高。"剂量－效应关系被认为是证明存在因果效应非常有力的证据，"本陶告诉我，"因为用其他方法并不那么容易解释。经历过多重创伤事件的孩子，比只经历过单一创伤事件的孩子更有可能存在听声体验，因此这一发现让我们更加确信，创伤与听声经历有因果关系。"

然而，我们仍然有理由保持谨慎。"确认原因是一件棘手的事情，"本陶解释道，"在这种情况下，我们非常肯定存在因果效应，即使达不到百分之百的确信。但是，当然不是说创伤总是会造成听声，或者是听声的唯一原因。"来自创伤事件的画面和印象会保持一种自由浮动的状态，准备入侵与背景信息分离的意识，这通常会使它们被认作回忆，这一证据支持了上面所述的因果观，即使有关创伤记忆的文献非常复杂。

记忆理论优于内部言语的另一点在于，后者难以解释非语言性幻听，如音乐、犬吠声、尖叫声、滴答声、嗡嗡声、流水声或人群的嘟囔声。在麦卡锡－琼斯的研究中，三分之一的参与者报告了这种类型的幻听。除非有人声称日常内部言语同样包含了这种声音，否则很难得出像这样的幻觉由错误的内部言语造成的结论。

但是，记忆理论也面临着严重的问题。一方面，它必须解释有关创伤事件的记忆是如何沉睡了那么多年，然后在成年早期重新出现，而那时是被诊断为患有精神分裂症一类精神疾病的高峰期。另一方面，记忆不单单是那样运作的。创建记忆是一个重建的过程，其中包括将大量不同的信息来源聚集到一起，而有一些信息来源被错误地包括进来，根本没有出现在原始事件中。我们特别不擅长回想人们刚刚跟我们说过的确切的话，即使相隔的时间很短：我们倾向于回忆出讯息的要点，而不是一字不差的信息。如果我们想提出声音是对早期对话的文字复述，那会是有问题的。一般来说，创伤性记忆能忠实地再现事件的细节，并且几十年后会被再次激活，这一观点与人们所知的如何回忆认知不太相符。

创伤与听声之间缺少联系可能是一种被称为"解离"（dissociation）的心理学现象。法国精神病学家皮埃尔·雅内（Pierre Janet）在 19 世纪末首次对这一概念做了阐述。解离指的是思想、情感及体验没有以正常的方式融入意识的一种现象。经历过创伤事件的人们在创伤期经常认为自己的意识是分裂的，这一发现表明了其与听声之间的关系。将自我分裂成独立的部分，是最强大的意识防御机制之一。就好像内心为了让自己远离正在蔓延的恐惧，做了一些极端的尝试：说它极端是因为它有效地将内心分裂成了碎片。

科学研究表明，解离能够作为创伤与听声之间的桥梁。理查德·本陶科研小组的一项研究结合了 2006 年至 2007 年之间进行的有关精神病症状的全国调查。除了精神病理，这项调查还询问了人们的背景，如身体素质和宗教，以及更具体的生活经历，比如是否经历过性虐待。分析证实了以前的发现，幻觉的产生与童年性虐待有关，而且通过统计学分析表明，这种关系被解离所

"介导"。介导是个统计学术语，指的是因子 A 与因子 C 的关联程度取决于此二者与因子 B 的关联程度。创伤（因子 A）造成意识解离（因子 B），从而造成幻觉产生（因子 C），而不是创伤直接导致幻觉，这一观点与本陶的分析一致。

意识分裂和听声一样，在人们身上表现各异，研究者也利用了这一事实。在一项关于内部言语的问卷调查研究中，我们要求大学生志愿者额外完成一个名为"解离体验测量"的量表，它要求你在一系列意识解离状态中评估你的体验（例如，发现你没有关于生命中重要事件的记忆，如婚礼、毕业）。我们发现，意识解离介导了幻听倾向性和两个内部言语因素之间的联系：具体来说，一个与评估我们自身行为有关，另一个描述了在你内部言语中他人的存在。也就是说，内部言语（因子 A）与意识分裂（因子 B）有关，从而与听声（因子 C）有关。虽然在这种情况下，我们没有着手测量童年创伤（在问卷调查中，这是非常难以操作的事情），但我们的研究支持了这一观点：意识解离是解释为何一些人会听见"声音"的重要机制。

意识解离也许只是描述了我们其他人正常生活的一个极端版本。埃莉诺·朗登现在是一名博士后研究员，专门研究意识解离的信息过程怎么帮助解释与创伤有关的声音的出现。当我问到她最近的研究，她赞同我所说的，即以多重自我理论来替代单一自我理论的观点存在一个重要的概念性问题——多重自我仍然被认为具有一个正常自我所拥有的基本结构，不过是复数而不是单数。"我认为，我们都有多重自我的部分，"埃莉诺通过观察得出结论，

"而且这是一种大多数人都会涉及的体验：极具批判性的部分，想要安抚每个人的部分，爱玩闹、不负责任的部分等。声音在大多数情况下会感觉被排挤而且外化了，但从本质上来说，我认为它们代表了一个相似的过程。"

那么，声音也许会给我们提供一些关于普通人碎片化构成的重要线索。意识解离作为对创伤事件的一种自然反应是合理的，埃莉诺从个人经历中得出这一结论："在创伤实际发生期间，我有关意识解离的最具戏剧性的回忆有一些是十分严重的——看见自己在地板上的感觉，就像我的灵魂和肉体完全分离，正漂浮在这可怕的事情之上。就像你的大脑知道，你最好和你身体正在发生的事情断绝联系，摆脱束缚的时候到了：精神飞升。"这个关于自我解离的观点在有关听声的研究中已见成效，虽然在具体解释这些自我碎片长什么样、它们如何运作、如何表现方面，仍然有许多事要做。解离理论在解释为什么创伤性记忆会变异为幻觉方面仍不完善——尤其是，为什么这些体验经常是语言性的——但它是一个充满希望的未来研究的途径。特别是它也许为声音如何可能既是我，又不是我的谜题提供了部分答案。

与此同时，这些论点并不意味着我们应该抗拒内部言语模型。相反，它促使我们意识到，声音有不同的形式，它们可能被不同的认知和神经机制所支撑，因此它们需要有关成因的不同解释，需要关于它们为何会持续存在、如何被管理的不同理论。人们报告的一些声音可能源自内部言语，但也许最好将其他声音描述为记忆的入侵。除非我们对如何倾听听声者描述他们的体验足够谨慎，否则我们会错过这之间的差异，而这种差异恰恰非常关键。

也许，以这种方式思考声音，最有价值的事情在于它对管理这项体验的启示。如果声音与发生在你身上的事情至少部分相关，那么它们也给予了你能利用的事情。它们提供了康复的可能性。

这个观点表明，听声行动发挥了巨大效用。当埃莉诺·朗登原谅了她最不令人愉悦的声音后，声音与她交流的语调发生了变化。"从根本上来说，"她告诉我，"这是一个与自己和平共处的过程，因为负面声音包含了如此多的回忆和未解决的情感问题。我意识到，声音并不是真正的施虐者；相反，它们代表了我对所遭受的虐待的情感和想法。所以，当声音表现得极其消极和恶毒的时候，它们实际上体现了我受伤最深的那一面，而正是这些声音需要最多的怜悯和关怀。"

正如思考声音蕴含的心理过程有益处一样，与回忆的比较有助于思考如何帮助会听到令人痛苦的声音的人。声音也许不是字面意义上的回忆，但我们可以通过观察人们如何学习与创伤事件的回忆共处，从而对解决它们的方法了解更多。对创伤性记忆的治疗，比如对那些创伤后应激障碍患者的治疗，包括鼓励患者不要试图忘记这件事，而是更准确地记住它。这意味着，创伤事件以这样的方式融入记忆网络中会不那么具有侵入性，不那么扭曲，而且不那么具有自主性。

就声音而言，它意味着人们认为人听到的声音是陌生的、具有破坏性的、扭曲的自我部分——但它们依然是自我的一部分。

如果它们在某种程度上与回忆有关，你可以用与处理不愉快的回忆同样的方式来处理它们：将它们整合到已经分裂出去的意识中。

让这个整合过程变得更容易的一种方法是赋予声音一些更具体的外在现实。一些听声者告诉我说，为了让他们自己从声音中抽离出来，使声音容易处理，他们运用玩偶来表现他们声音所说的话。在听声运动青睐的另一种方法中，声音被直接纳入了治疗过程。这个方法被称为"声音对话"或"与声音交谈"，其中包括引导者询问听声者能否直接与声音对话。在埃莉诺·朗登的一个研究案例中，治疗师（此案例中是荷兰心理治疗师德克·科斯登）要求和一个参与者尼尔森的主要声音对话，那个声音被称为"犹大"。犹大是善意的，但他表现得具有支配性，令人感到害怕。尼尔森与犹大取得联系后，采用了一种军人的姿态，开始在房间里踱步（他之前曾在军队里服役），与此同时他以犹大的声音，用其特有的突兀的句子说话。原来，犹大是一个过度溺爱的家长式的角色，他会对尼尔森提出过分的要求，比如，为了遇见女人强迫他去夜总会。他希望尼尔森接受他，而不是把他推开。这项治疗的目的在于更多地了解犹大及其所需，以便给尼尔森提供更多与他相处的方法。在治疗最后，尼尔森恢复了意识，并报告说他知晓所有发生过的事情，包括他被犹大对其名字的解释所吸引，这个名字是基于犹大（至少最初）作为耶稣的保护者的联想。这项治疗具有积极而持续的效果，尼尔森发现了自己与大脑访问者之间一种新的关系，更重要的是，它促成了他独特声音与之前在战争中的自我部分的和解。

另一种外化声音的方法与"声音对话"有一些相似之处，但它出现在完全不同的时间点。20世纪70年代，英国精神病学家朱利安·莱夫（Julian Leff）在研究诱发精神分裂症复发的社会性因素方面取得了一些突破性进展。最近，他想到设立一个治疗情境，患者在其中可以通过虚拟替身与声音互动。患者被要求运用面部生成软件，创造一张与他们想使用的声音相匹配的脸，并使用语音合成软件创建一个与之相符的声音。治疗师坐在另外一间屋子里用幻想中的声音与患者对话，并同步使用动画头像的脸孔，而只要轻轻按一下开关，他就能变回那个使人感到安慰的循循善诱的治疗师。一般来说，这种方法会鼓励患者违抗声音，挑战它说的话。初步研究表现出了不俗的成果，声音的频率减少了，并且患者认为他们充满恶意、无所不能的想法也减少了。初步试点的16位患者中有3位彻底不再听见"声音"。莱夫相信，幻觉体验的可视化让患者得以控制他们的声音，尤其在他们对声音在遭到质疑和挑战时做出的反应感到恐惧的时候。

杰奎·狄龙指出，这个方法没有任何特别新颖的东西。在阳光明媚的1月的一天，当我和她相约一起在伦敦的巴比肯中心共进午餐时，她告诉我，虚拟替身项目是完全好意的，但似乎缺少理论基础。"看起来，它把整件事情弄得比所需的更加复杂、更技术化了，"她解释道，"因为从本质上对我来说看起来奏效的是，你把这些事情看得真实而有意义，而且在某种程度上，你在和我进行一场关于它们的对话。而你必须去另一间屋子，通过一个我们必须创造出来的虚拟替身来实现这个，在我看来，真的有点儿多此一举。为什么我们不能坐在同一间屋子里进行那场对话呢？"

杰奎解释说，听声运动的一部分是关于谁有权告诉人们他们的体验意味着什么。"它与权力有关，而且它与谁是专家和权威有关。"她将这种方法与 CBT 做对比，CBT 是一个思想及行为矫正系统，杰伊曾从中获益。"对 CBT 的一个批判是，它与专家对它做了什么有关，而整个听声方法是关于用它做了什么，这么看来，它与专家无关……有这样活生生体验的人们对此有很多话要说，他们对体验它、忍受它和应付它的经历有很多了解，我们必须多听听对此有体验的人说的话，以便了解更多。"

我认识杰奎有些年头了。她是我遇见的明确知道自己是听声者的第一人。那时候我刚开始研究这个话题，对有这样异常体验的人的行为仍感到恐惧。我有个印象，杰奎刚和我接触的时候是带有疑虑的，也许她的确如此。她是精神健康领域极具影响力的人物，她经常出差，讲述自己的生活、体验，以及她在不断发展的国际运动中发挥的作用。随着我们项目的发展，她认识到我们确实对理解听声有兴趣，和我们成了朋友，虽然在某些事情上我们仍然没有达成共识。和听声运动中的许多人一样，杰奎对听声的内部言语模型存有怀疑，因为它似乎没有公正地评价这种体验的意义。今天和她碰面，一方面是想说服她我感兴趣的是声音的运作方式——希望理解它们在心理和大脑中的机制——并不试着解释它们。或者，甚至说，让它们消失，完全阻止它们。我必须承认，作为一名科学家，我希望知道事情是如何运作的并不意味着我希望否认这种体验的意义，或者想让每个人的声音消失。

我怀疑，对于内部言语模型的一些反感来源于对这种现象复杂性的忽视。"它怎么可能只是内部言语呢？"人们问我。我回应道："没有'只是'内部言语的说法。如我们所见，我们脑海中的声音包含大量的信息：不仅形式多样，而且还有对话、对记忆事件的表达、与视觉意象的互动以及其他感官体验。对简化论的恐惧是可以理解的，但在这种情况下它是错误的。内部言语不能解释为什么声音是有意义的，这一说法只在内部言语是无意义的假设下成立。正如我希望表达的那样，这简直错得不能更离谱了。

多元化的观点看起来是可行的，也是必要的。雷切尔·沃丁厄姆（Rachael Waddingham）在听声的年轻人中取得了突破性进展，她认为内部言语作为多种机制中的一种可能会发挥作用。危险在于人们认为它是唯一的可能。2011 年马昌斯·罗姆受我们之邀，成为达勒姆高级研究院的一名嘉宾时，他和我就内部言语模型能否与创伤模型相结合进行了几场对话。和听声运动中的其他人一样，对于内部言语模型解释其与曾受创伤之关联的能力，罗姆提出了质疑。但他认为，在默默接触个人自身的声音，了解声音，更好地理解它们，从而帮助它们与自我重新融合方面，内部言语也许发挥了作用。比如，杰伊说他从来不会大声和自己的声音对话，只会默默地在脑海中交谈，而且只在一天中的某个特定时间。即使内部言语没有对听声现象做出解释，它也为与声音保持联系提供了渠道。

显然，两种模型之间需要某种友好关系，但事情要先变得更复杂些。在某种基本层面上，声音一定与内部言语有关，单凭它的定义，内部言语就与语言在脑海中默默地发声有关。杰奎听见过超过 100 种不同的声音，她比我更能说明这种科学理论是否有道理。她将听见"声音"描述为就像接听"一通从潜意识打来的电话"。那讯息不论多么恐怖、多么具有破坏性，你都觉得必须要接听。"那是自我的一部分，不是吗？"杰奎这么告诉我，"即使那是不那么让人愉悦的一部分。我在很多听声者身上都发现，当你去问他们，他们并不是真的想让它们消失。他们不想让声音那么令人抑郁，但有种感觉，在某种程度上它们是我的一部分，即使它们确实会说一些让人困扰、令人不快的事情。"

当我们问到人们与创伤性记忆的关系如何时，一模一样的问题就出现了。加利福尼亚大学尔湾分校的伊丽莎白·洛夫图斯（Elizabeth Loftus）在实验室的一些研究表明，人们对记忆有非常强烈的归属感，甚至对创伤性记忆也是如此。在一项实验中，洛夫图斯给参与者设置了一个场景，其中参与者可以服用一种（假想）药片，来减轻有关创伤的记忆。80% 的人说他们不会服这种药，他们宁愿保留这种可怕记忆。即使是糟糕的回忆，我们似乎也想抓住它们不放。它们是我们自我的一部分，即使它们是我们只能心怀恐惧去看待的部分。

但是，治疗能对创伤性记忆起到帮助。治疗使它们被重新处理，通过这种方式使之变得不那么具有侵入性和破坏性，不那么扭曲。当我就这个话题为本书展开调查的时候，我曾与一位卡车司机科林进行过交谈，他曾有过一个关于道路交通事故的可怕的扭曲记忆，而该记忆通过一个被称为眼动脱敏与再加工疗法（eye movement desensitization and reprocessing）的方法重塑了。在他创伤后应激障碍症最严重的阶段，他愿意付出任何代价使这些记忆消失，但现在，经过治疗他将其接纳为自己的一部分。我自己也有一些非常痛苦的记忆，对它们我也会说一样的话。它们很可怕，但它们是我的。一些人不正是这样评价他们的声音吗？

杰奎表示赞同。解决痛苦声音最好的办法不是消除它们。听声能够丰富一个人。控制它们的过程能改变我们。"它使人们成为人类，"她说，"就感知事情的能力，或者就感知与其他痛苦的人的联系的能力而言，听声在很多层面上具有影响力。"声音不仅在与创伤性记忆的类比中可以被理解，在很多情况下它们也是创伤性记忆，至少重构了回忆。我告诉她，让我困惑的是，如何解释创伤事件以声音的形式重新唤起人们对它的记忆这一现象。从传统的记忆角度很难单纯地对其做出解释。意识分裂也许是其中一部分，但你仍然需要回到语言上。你还必须解释为什么它会作为一种声音让你听见。

在某种程度上，这也是我与马吕斯·罗姆产生分歧的核心。我向他建议，我们也许都是对的——我们可能只是从同一个问题的不同方面进行研究。对罗姆来说，关键在于解释创伤事件如何导致了现在大声疾呼以引起注意的情绪讯息。对我来说，关键则在于讯息如何以及为何会以声音的形式被听见，而不是以其他形式。记忆在这里是一种有用的模型，因为记忆是可以被重构的。它随着我们的行为而改变。即使这件事情发生在遥远的过去，我们对其构建的故事也会被现在的我们所塑造：我们的欲望、信仰，以及这期间发生的事。进一步追求这种对比，也许会帮助我们理解声音如何在人的一生中发生变化，有一些随着听声者一起变老，而有一些会冻结在时间里。

当你对过去产生错误的记忆时，其中一个原因是旧记忆与你现在的故事不相符了。所以你改变了现实来迎合故事。我这么对杰奎说，听声者对他们记忆体验的碎片也做了类似的事情：他们将它们塑造成了一个个故事，这些故事不像他们对自己的感知那么破碎。这和杰奎身为一名听声者的直觉一致。"我想我会把这些看作一个人自我的部分，我经常用的类比是家庭治疗……那是一个功能失调的家庭。我会把它们看作自我的碎片，而且那些碎片组成了一个完整的人。"

我们都是分裂的。没有统一的自我。我们心里都有无数个想法各异的自己，每时每刻都企图创造一个明晰而统一的"自我"的幻象。我们或多或少都是精神分裂的。我们总是通过有时奏效、有时失败的方式被构建和重新构建。总会有意外发生使自我中心无法保持。因为那些发生过的事情，我们中的一些人会有更多的自我；那些人在拼凑这些自我方面面临更严峻的挑战。但是，没有人将最后一片自我的碎片拼起来使自我变得完整。作为人类，我们似乎渴望那种拥有完整统一自我的假想，但要实现却非常困难。无论如何，我们都无法实现。

与此同时，像杰奎那样的人会听见"声音"。在巴比肯的咖啡厅里，我和她开玩笑说，我能感觉出来她对声音的陪伴感到很快乐。"大多数时候，它们让我大笑，"她之后在一次访谈中说道，

"它们实际上非常滑稽，我们在一起捧腹大笑过。它们很有远见，充满爱意，它们给我安慰，而且让我觉得没那么孤独。它们比任何人都更了解我，而且它们总在我身边。"

第 14 章

不会说话的声音

一位曾经的听声者——我们叫她鲁默——正在告诉我她的声音是如何完全消失的。她主要的声音是个女性，而且声音和她饮食功能失调有某种联系。声音告诉鲁默，她又胖又丑，而且会指出她应该吃什么，不应吃什么。然后忽然有一天声音消失了。我和鲁默谈论此事时，距离她上一次听见"声音"已经过去了几个月。她发现要确认声音消失的具体时间很难，而且她依然不清楚声音是否永远消失了。但有趣的事在于，鲁默是怎么知道它消失了的。那是种感觉，感觉她的社会环境发生了变化，就像你知道有人离开了你待着的房间，即使没有明确的道别。鲁默觉得很难用语言表达，但那是一种不久前不再说话的人离世了的感觉。这不是听觉体验的停止，而是被寄生的感觉的终止。

在声音消失了的人当中，这并不是个非同寻常的故事。有人在那里，然后又不在了。我想起了人们告诉我，第一次听见"声音"是什么样的：它像调到了一个一直存在的广播节目。"一旦你听见'声音'，"马克·冯内古特（Mark Vonnegut）这样描写他的体验，"你就会意识到它们一直在那里。那只是何时接入它们的问题。"如果你能接入某事，也许你也能调出。

声音存在的感觉同样出现在杰伊的阐述中。当他在韦瑟斯庞酒吧外听见"声音"的那一刻，他知道，即使他没有说话，声音也在那里。在火车进入隧道的那一刻，他听见的声音实际上已经脱离了对它们存在的忧虑。杰伊能听见"巫婆"的声音，但感觉不到她的存在；相反，他知道他的另外两个声音在那里，尽管他们一句话也没说。

有关"可感的魂灵"的心理体验有少量研究。在初为人父母的人当中，一个常见版本是你感觉你的宝宝和你一起在床上。丧失了亲人的人也经常感受到刚刚逝去的亲人的存在。可感的魂灵之体验会出现在包括癫痫在内的各种神经疾病之中，并通常伴随着更常见的睡眠麻痹，即人们在入睡或清醒的瞬间会有一种短暂的被麻痹的感觉。感觉到和蔼的神灵当然是一种常见的宗教体验。许多人觉得，他们有照看着自己的守护天使，这样的实体绝对不会只是声音。

在更极端的情况下，可感的魂灵之体验似乎更直接地参与到人的生死存亡之中。极地探险家欧内斯特·沙克尔顿爵士（Sir Ernest Shackleton）写道，在与两个同伴穿越南乔治亚岛的山脉和冰川的危险之旅中，他经常感到第4个旅行者陪伴着他们。"关于这一点，我对同伴们什么也没说，但后来沃斯利对我说：'老板，我在行进中有个奇怪的感觉，我觉得有另外一个人和我们在一起。'"这样的魂灵具有指导性和保护性。极端的寒冷、疲惫和与世隔绝感也是听声的沃土，正如登山者乔·辛普森（Joe Simpson）

根据他登山的发现，在其畅销书《触摸巅峰》（*Touching the Void*）中所描述的那样。虽然辛普森没有描述沙克尔顿提到的存在感，但他发现声音拥有指导和激励的功能。有些人认为，这些体验可能甚至是一种基本的生存机制，在我们的生命出现危险的时候演化为保护我们安全的方法。

当人们听见"声音"的时候会感觉到声音的存在，这件事有多寻常？这又是如何与试图和实体交流的感觉联系在一起的呢？问题在于，当研究者或医生询问有关声音的问题时，他们倾向于不去问伴随着声音的其他体验。这一盲点已经使参加听声运动的人惋惜了很久，许多听声小组在它们的名称和宣传材料中明确承认了这一点（比如，英国"听声网络"的全称另外提及了幻象和"其他不寻常的感知"）。这种对伴随性体验的忽视，可能是听声被认为在精神分裂症诊断中发挥极其重要的作用的副产品。当你在处理神圣象征的时候，很容易遗漏其他与之相关的重要线索。

在一个基于互联网的大型调查中，我们开始询问听声其他方面的体验。这一调查由安吉拉·伍兹（Angela Woods）主导，她是一名医学人文研究者，也是听声组织的联合主任。听声者须匿名回答问题，例如"如果你产生幻听的话，你的声音和想法有何不同？"及"你听见的声音是否好像有它们自己的特点和性格？"。有一组问题聚焦于其他感知与个人不寻常的体验的关联上。大约150位听声者的调查结果表明，体验显然不仅与幻听有关。参与者中有不到一半的人报告的体验只有听觉特点。三分之二的听声者报告身体感知伴随着他们的声音，比如，大脑在燃烧或者与身体割裂开来的感觉。身体感受中的这些变化倾向于和暴力及虐待相关的声音有关。"结果显而易见，"伍兹解释道，"听声绝对不是单纯的听觉体验。"

这与听声是否总是一种语言性的体验不是同一个问题。我们已经见证了许多非语言"声音"的例子，但它们仍然是可以被听见的。在有关幻听现象学的开创性研究中，精神病研究所的托尼·那雅尼（Tony Nayani）和安东尼·大卫（Anthony David）发现，听声者样本中的三分之二（其中大多数人被诊断患有精神分裂症）既会听见非语言性声音，也会听见语言性声音，他们所描述的体验中包括窃窃私语、哭声、滴答声、爆炸声及音乐，特别是合唱音乐。许多听声者自发地将非语言性幻听归到声音一类，而且这种体验通常会再次出现，甚至互相融合。玛格芮·坎普将上帝之声听作风箱的声音、和平鸽的声音及知更鸟的啁啾声。与之类似，在诺里奇的朱利安的报告中，声音不总是那么清晰、容易让人理解，相反，（至少在某种情况下）那是一种含糊的嘟囔声，无法辨认其中具体的单词。

所有这些都表明，我们能进一步拓宽网络，捕捉一些甚至是非听觉性的现象。一些被感知为声音的体验没有任何听觉要素，比如，玛格芮和朱利安带着"神灵的理解"接收到的声音——那是一种烙印在脑海中的语言，没有伴随任何听觉要素。12 世纪德意志神秘主义者宾根的希尔德加德这么描写她听见的语言，它们"不像人的嘴里发出的声音，而像颤抖的火焰，或者说像被清新的空气所搅动的云朵"。无声的声音也出现在更现代的精神病学报告中，例如尤金·布鲁勒的病人所描述的"生动的想法"。在布鲁勒的一个案例研究中，一位患者报告说："就像有人用手指着我说'去淹死你自己'。"因此，把类似于幻象、存在感知以及其他不寻常的感知包含在内似乎并不陌生。听见"声音"并不特指听觉意义上的声音。

换种方法，我们可以再次借助那些有关听声的中世纪描述。圣女贞德、玛格芮·坎普及诺里奇的朱利安的叙述都指向了一种更像全方位感知存在的体验：视觉、身体及听觉。我之前提到过，造成这种情况的原因可能是社会性或宗教性的：如果你真的期待神灵的来访，你就有可能会经历一种所有感官上的侵袭（特别是，如果你担心人们可能会不相信你的话）。也许，幻听的人实际上幻想的是人——在某种程度上能使得他们用几种可能的感知模式表现出来。

以亚当为例。"那不是声音，"他这么说"首领"，"那是个人。""首领"不是一种听觉体验，让我们假设亚当的大脑创造了一幅实际上并不存在的个人画像。有时候这个人以声音的形式出现，有时候他作为一种存在，有时候又作为一种视觉形象。听声者幻想的是人，而不是感官数据，这一想法帮助解释了为什么声音有如此多的非声音特性。也许最显著的例子来自那些从来没有听过任何声音的人的"听声"现象。

一位 28 岁的丹麦女孩被送进了丹麦奥尔堡的精神病医院，她抱怨说她听见的声音促使她伤害自己。她两岁的时候就被诊断患有先天性听力障碍，并因此彻底失聪。10 岁时，她开始学习手语，在此之前她是通过读说唇语生活的。从大约十六七岁开始，她右耳能听见父母鼓励的声音，那声音在她脑海中大声地"如音乐般"响起。不久之后，她开始产生关于最近刚刚去世的表兄的视觉和嗅觉幻想，她在外部空间感知到他，并以不同音量和不同的清晰度听见他的声音。20 多岁时，她遭受了一次创伤性身体攻击，此后，她开始听见一个男性的声音，那个声音指挥她伤害自己或他人，比如，怂恿她拿刀刺自己。她两只耳朵都能听见"声音"，在脑海中以远高于自己声音的音调回响。医生给她开了阿立哌唑，不久之后声音消失了。

精神分裂症和其他精神疾病在失聪群体中似乎和在听声群体中一样普遍，而大约有一半的失聪者被诊断有听声现象。文献中第一个案例要追溯到 1886 年，其中记录了一个聋哑女人，她患的病被称为循环性精神病（对双相障碍的早期描述）。从 20 世纪 70 年代起，有关这类幻觉的一系列报道出现了，其中包括先天性失聪的人，这些人从来没有过任何听觉体验。在 1971 年的一项研究中，一个一岁时就失聪的男人却报告说听见了上帝的声音，甚至进而涉及实体——包括精心布置导线与他身体的不同部分相连接，从而将通信信号接入他的耳朵等行为。

这些听见"声音"的报告捕捉到了多少与听力正常者的体验相类似的东西，就此存在一定的争议。持怀疑态度的一方提出，这种听声报告实际上反映了一种对能拥有听力的渴望——这是一种一厢情愿的想法。另一个观点是，这些人实际上错误描述了其他非听觉体验，如气流或振动的异常感知。有些人认为，这些报告更多的是接受访谈的人先入为主的见解，而不是失聪人群的真实体验。另一方面，几份详细记录的报告记载了聋人使用的手语明确与听觉有关。一项英国研究采访了 17 位深度失聪、被诊断患有精神分裂症的聋人，其中有 10 人报告称现在就能听见"声音"，并且可以描述其内容。有 5 人在出生时就完全失聪，排除了以生命早期一些有限的听觉体验解释这一研究结果的可能性。一位 33 岁的女人从来没有感知声音的能力，但是她却能听到一个男人的声音不停地在她右耳边说些糟糕的事。她称自己"彻底失聪"，而且她充分了解，她无法听见自己或其他人的声音。

这些说法着重提到了听声，而不是其他体验。有几个患者使用手语交谈，但当研究者提出让人尴尬的问题——既然你从来没有听见过任何声音，你是怎么产生听声现象的？——的时候，令人奇怪的是，患者的回答没有提供什么信息。"最常见的是，"作者写道，"患者只是耸耸肩，给一个'不知道'的回复，或者表明他们没办法理解这个问题。其他人则尝试给出表面的、肤浅的，或者其他难以令人满意的解释，比如'也许有人在我脑中说话'或者'有时候我听不见，有时候我又能听见'……有一位病人，在两岁的时候就被诊断为失聪，却说她在 5 岁之前都能听见，然后她撞到砖墙上才变聋了。一位患者坚信，他的听力被上帝修复了。"在另一项研究中，一位研究者在询问患有精神分裂症的失聪患者感受到的声音的听觉特征（音高、音量和口音）时得到了刻薄的回复，包括让他无法回应的："我怎么知道呢？我是聋子！"

这种体验本质的模糊性不应该让我们得出这些报告不真实的结论。第一次产生幻听的人——即使这种体验完全是幻想中的——无疑缺少一种准确的参照系，把这种体验传递给能听见"声音"的人。但另一个关于这些描述的有趣的事实是，它们通常会包含其他形态的体验，比如，一种手语比画或者用手指拼写的感觉，或者视觉上的幻象和身体里感受到的震动。在英国的一项研究中，几位失聪的听声者也能看见像闪电、恶魔之像这类东西，甚至有人看见了"天堂的全景"。嗅觉幻觉包括烟味、薄荷味及腐烂的鸡蛋味，而肉体幻觉包括腹部的扭曲和爆裂感，还有在患者身体里面存在其他人的感觉。

伦敦的心理学家乔安娜·阿特金森（Joanne Atkinson）自幼完全失聪，对她来说，这些失聪的听声者的非听觉附随物给了我们一个线索，可以解决那些不能感知声音的人有时能听见不存在的声音这一难题。在访问我们达勒姆的研究小组时，她向我解释道，内部言语模型的一个版本可以帮助我们理解失聪者的幻听，但需要做一些重要的改动。与乔安娜的碰面是我与失聪的听声者进行的第一次充分交流，而且我发现在交流期间，我难以把握交流的时机，因为我的注意力被她和她的翻译分散了。我对自己不能使用手语和她对话感到难为情，虽然我尽可能地克服自己平时含糊说话的习惯，使她可以轻易地通过唇语看懂我在说什么。乔安娜首创了新方法，来验证产生幻觉的失聪者听到的是否真的是声音。在她的一项研究中，她发明了图片提示，这种方法让人们在谈及自己的体验时，不用将其转换成正式的手语或英语（对许多失聪者来说，英语并不是他们的第一语言）。比如，一幅图中画的是一个脑袋，有个思想泡泡从脑中冒出，其中两只手正在积极地打着手语。这个特别的图像描述的是一个陈述句（同样在图片上用英文重复了）："当我感受到声音的时候，我能看见有人在我脑海中对我比画手语。"

标准的内部言语模型能预测到，听见的声音采用的是个人正常内部交流的形式。所以第一个问题是，失聪者的体验是否等同于能听见"声音"的人的日常内部言语？当这个问题最近出现在网络论坛 Quora 上时，几位失聪者的回答耐人寻味。一位回答者说："我脑海里有个'声音'，但它不是以声音为主的。我是个视觉动物，所以在我脑海中，我要么能看见美国手势语言，看见画面，要么有时候是印刷文字。"对这个人来说，声音不是这种体验的特征。另一位回答者体验到的是一种混合模式："我的内部言语形象地对我说话，而且我既能听到它，也能以唇语的形式读到它。"在这种情况下，体验既有听觉属性，也有视觉属性。一位在两岁时就失聪了的回答者说，他用语言思考，但语言没有声音；而另一位早年听力受损的人称，他会在梦里"听见"声音，然而既没有手语也没有嘴唇的运动。所有这些证据都表明，内部言语对失聪者和听力正常者所起到的作用是类似的。例如，内部言语似乎在使用手语的人群的短期记忆中起作用，就像内部言语可以调节听力正常者的短期记忆。

那么，也许当内部手语被错误归因为一种来自其他领域的体验时，失聪者的声音就会出现。正如听觉内部言语一样，内部的版本"听起来"不一定和外部的版本一模一样——事实上，由于一种类似于简化的过程，它们极有可能不一样。一些失聪者对声音的描述与这一说法相符。打个比方，有些人称，有人用手指写字给他们看，他们却没有任何关于手部运动的视觉感知，或者有人用唇语说话，他们却完全没有直接看到信息传达者的脸。听力正常者的声音与听觉组件相联系，但是假设失聪者的声音会以同样的方式激活大脑的视觉部分是错误的。事实上，内部言语与内部手语似乎共享神经资源。失聪者的语言处理似乎基于与听力正常者类似的激活区域，失聪者的私密手语似乎运用了典型的"内部言语"网络。

这表明，我们的大脑以一种不指定任何特定感官渠道的方式编码通信信息。这可以解释为什么有听声体验的失聪者所汇报的是一种混合体验，这也与能听见"声音"的人的声音经常伴随着其他感官体验这一观察结果相符。例如，在乔安娜·阿特金森的一项研究中，在体验多大程度上伴随视觉图像方面，能听见"声音"的听声者和失聪听声者没有差异。对他们的大部分交流来说，这些群体可能依赖于完全不同的感官渠道（能听见"声音"的人的听觉，失聪者的视觉），但他们幻听时都一样容易受到视觉体验的影响。

那么，问题从没有听见过声音的人们如何可能"听见"幻想出来的声音这一谜题，变成了人们——不论是失聪的人还是听力正常的人——如何能够在没有任何感官输入的情况下交流。事实上，我们回到了非常类似于感知存在的体验。有些人认为，感知存在应该被正确地理解为一种妄想，因为它看起来和任何感官感知、幻觉或现实都无关。但对此一种更有利的思考方式是，把它幻想为具有交流意图的社交主体。当你感知到床上宝宝的存在，或者感觉你已故的伴侣和你共处一室，你实际上正在幻想一个人：不是他们的声音，也不是他们的脸，而是他们的整个存在。这大概是因为，现在和过去你一直在关注一个真实的人的存在，就像店主可能会关注可疑顾客的动向，或者初为人母的女性也许会时刻关注她好奇的宝宝的行踪。发展心理学的研究表明，关注社交主体动态的能力在极早的婴儿时期就会被开发，甚至有可能是天生的。在痛失亲人的情况下，你在过去很长时间，也许是几十年里，一直看到一个人的存在，忽然他不在那里了，但是你的大脑继续期待他们的存在，填补他们留下的空白。在刚失去爱人的人当中，听见"声音"是如此普遍，这毫不奇怪。

可感的魂灵现象确是理解听声复杂性的一个有力想法。一个声音被听见，同时它拥有与之相关联的多种感官特性。然而，声音的实体就像人一样，也会被感觉到。这就是亚当如何知晓"首领"就在那里，甚至在他没有说话的时候也是如此，这也是鲁默得知她的声音消失的原因。许多听声者在声音出现之前报告了一种特定存在的意识。艺术家多利·森（Dolly Sen）在一次访谈中对其描述称，你甚至不用直接感知到他们就能知道有人在那里："这有点儿像你在公交车上，有人坐在你旁边，你看不见他们，但单从他们坐在你身边这一点你就几乎可以猜到他们是什么样的。"

最后，人们听到的声音是会交流的，并且一个会交流的实体可能会表现得独立于它实际所说的话。如果我和某人在打电话，在交谈过程中出现了停顿，我仍可以在精神上感知对话者，即使我没有听见她的声音。声音不仅是感官感知的片段或记忆的入侵，正如雷切尔·沃丁厄姆向我解释的那样："它们真的有些像人。"而且这些乐于交流的被感知或被幻想出来的主体是有目的的——它们想要的东西并不一定映射了听声者想要的。正如我们所见，类似的事情也会发生在假想玩伴和小说家创作出来的虚拟作品中。

这些关于声音具有类似主体特点的描述，正好发生于听声的历史中。举一个病人和皮埃尔·雅内之间交流的例子："它一直在对我说话……它告诉我有必要去寻求教皇的宽恕。""你知道谁在跟你说话吗？""不，我认不出来，它不是任何人的声音。""声音是远是近？""声音既不远也不近，可以说它就在我的胸腔里。""它像是一个声音吗？""并不是，它不是声音，我没有听见任何声音，我感觉有人在跟我说话。"通过在网络调查中询问人们有关他们声音的问题，我们发现，无声的声音具有交流和富有情感紧迫性的特点，就像存在听觉刺激一样明显。"很难描述我如何'听见'不是声音的'声音'，"一位回复者这么写道，"但是它们使用的语言，它们蕴含的情感（厌恶和反感）完全清楚明白、不容置疑，甚至可能更甚于我用耳朵听见它们。"

从我们最初将声音视为出错的内部言语开始，我们得到了一种截然不同的方法来观察事物。当人听见"声音"时，他或她正在感知一种交流的意图。术语"幻听"开始看起来有些用词不当。我们应该从对这一体验听觉特点的执着中转移，而专注于一些被

忽视的事实：声音是能与之互动的实体，听声者经常欣然回答像
"你听见了多少声音？"这样的问题，他们甚至会觉得声音是很好
的陪伴者。存在有力的迹象表明，一些听声者像产生幻觉的人一
样感知他们的精神拜访者。这并不意味着，声音的性质毫无差别。
哲学家山姆·威尔金森（Sam Wilkinson）和心理学家沃恩·贝尔
（Vaughan Bell）描述了听声体验的四个层级，从对与之相关的声
音（如幻想出来的尖叫声或叹气声）了解甚少，到那些听声者能
够识别正在和他们说话的特定的人。我们调查中大约 70% 的人报
告说，他们的声音拥有始终如一的身份。

如果我们采用这种不同的听声观点，许多新的问题会接踵而
至。我们不应该问为什么内部言语会出现错误，而应该问为什么
在追踪社会主体的方式上会有这些变化。如今，我们很了解社会
存在表现的背后是认知和神经系统。听声来源于这些过程的扭曲
吗？答案并不是基于现有的神经成像学的证据。在听声期间，在
社会认知的运作中，神经成像学并没有表现出有力的异常迹象，
但有一些有趣的线索。颞顶联合区与心理理论能力高度相关，该
区域的损伤在某些大脑损伤的例子中与可感的魂灵的感觉相关。
与此同时，实验表明，刺激这一区域会导致正常志愿者产生一种
类似于"可感的魂灵"的感觉。有趣的是，与颞顶联合区右侧相
近的区域出现在了我们关于对话式内部言语的神经特征的研究中。
内部对话会运用部分心理学理论系统这一发现，也许会开辟一种
新方法，以理解在听声的经历中，社会历程如何与内部言语网络
相互作用。

询问声音如何随着时间发展也可以给我们一些宝贵的线索。在像杰伊那样的情况下，他声音独特的社会角色（医生、"巫婆"）是在最初就完全成熟地显现出来了，还是说，不那么像人的东西退去，逐渐获得了社会存在的特点？埃莉诺·朗登刚开始感受到的声音只是非常平静地评论她的行为，后来发展为特定的、时常不怀好意的幻觉主体。但是，假设在所有情况下都会发生这种情形是错误的。研究声音可能发展的各种方式是个棘手的挑战，它至少需要一些以个人不寻常体验为研究主题的易受影响的纵向研究。

这种听声的新观点也把我们带入了一些关于内部言语社会性本质的困惑中。当我们以自身正常的声音和自己说话，听自己说话时，我们会不会感觉到社会主体的存在呢？当我们将铭记于心的人的声音填满脑海时，我们多种声音的内部言语有没有可能是我们为自己表达这些主体的方式之一呢？你脑海中的"你"是不是真的像一个与你交流的人呢？如果是的话，你对自己的了解意味着什么呢？弄清楚你是谁的挑战又意味着什么呢？

解决这一问题的一个方法是询问我们的内部言语是否拥有声音的语调，或者是否拥有其他特点能使声音像主体一样表达情感和意图。比如，试着问一下你的内部言语是否曾带有讽刺意味或不那么真诚（就我而言，我非常确信自己说过类似"今天真顺利"这样的话，但实际上，我指的是相反的意思）。在内部言语中，你会不会对自己说谎，或者对自己说一些不是字面意思的话呢？有关日常内部言语对话性的证据明确地表明了说话的自我拥有多重性。并且，这些自我并不会觉得陌生；我们没有像许多听声者那样，觉得自己被殖民、被寄居，或是被占领了。在通常情况下，什么会使我们说话的自我看起来像"我们"？无论如何，它的错误会导致一种彻底混乱的体验。

我们应该记住，对许多听声者来说，声音与想法之间的差别并不总是明确的。在我们的研究中，有三分之一的人报告了听觉和想法混合的声音，或者报告了听觉声音和想法之间的体验。我们的一个受访者说："我听见的声音总是在我自己的脑海之中。我没有将其当作一种噪音，它就像你听见自己的想法，但它比你自己的想法更大声、更强烈，而且总是同时运行。"

如果声音是一半的内部对话，那么想法与声音之间的灰色地带就变得更好理解了。亚当将其称为"混乱"是可理解的，但我认为这也高度揭示了在正常和异常情况下，我们的意识流如何流动。将声音看作交流行为给了我们一种更明晰的感觉，让我们了解意识是如何充满社会主体的。有人抱怨说，将声音只看作内部言语遗漏了某些重要的东西，既忽略了内部自我对话来源于人与人之间的交流这一事实，又忽略了内部自我对话代表着其社会主体的不同观点这一事实。然而，内部言语只是故事的一部分。我们需要考虑其他伴随着内部对话的听觉和非听觉体验，并且理解像听声一样，它比单纯的语言更丰富。

将听声解释为一种交流行为，也会帮助我们理解人们如何以各种方式在情感上与他们的声音联系在一起。如我们所见，听见的声音给我们提供了许多关于它们背后的社会身份的线索。有人在的地方，就有依附甚至怜悯的可能性。"我这段时间很糟糕。"玛格丽特的声音在保持它几乎不间断的独白时这么抱怨道。我和前听声者鲁默交谈时，她听起来有些遗憾：她的精神伴侣不在了。她有点儿想"她"，即使声音所说的话大部分是消极的。

同样，亚当也担心"首领"有一天会永远消失。他会想念这个打趣者，虽然它常常很残酷。有一次亚当和他精神健康小组的成员交谈时这么说道："我要是精神分裂患者，我会吓死的。""首领"却说："你能听见我说话，你这个蠢货，你当然是个精神分裂症患者！"你的同伴会嘲弄你、欺骗你，让你感到难以置信的恼怒，但他们仍旧是你的同伴。"在某种程度上有种安全感，"亚当告诉BBC，"有时候，他会走过来，站在那里，带着一副巨大的双筒望远镜。这感觉也像你有个同伴在照看你，确保你没事。"

第 15 章

和自己对话

"很高兴成为受访者。"

苏珊躺在柏林的马克斯·普朗克研究所的脑部扫描仪里。她回想起被塞进磁铁之前，自己在问罗素·赫尔伯特有关他家人的一些问题。她喜欢这个想法，是她在问罗素问题，而不是反过来。在"哔"声响起的时候，她脑海背景中轻轻地放着一首歌。那是快转眼球乐队（R. E. M）的 *Ignoreland*，她所听到的和乐队的演奏方式一样，伴随着铿锵的吉他声和迈克尔·斯蒂普（Michael Stipe）的演唱。"哔"声停止的时候，她对自己说："很高兴成为受访者。"她整个上午都感觉很好，但那不是她当初在 DES 取样时的感受。

苏珊无声的自言自语对她来说是一个快乐灵魂的倾诉，用她自己的声音说话，却没有直接回复它的发起者，说话者和聆听者分开了。"我不是像两个人对话那样对自己说话。我像一个人在发出一声感叹那样说话。"我们很难将她的内部言语解释为指导自身行为，鼓舞、激励或警示自己的一种尝试。如果它有任何功能的话，它可能仅仅表达了一种心满意足的想法。这是种非常普通的内部言语，和我在地铁里的想法一样——这是我们体验的一部分，它非常普通以至于我们很难注意或关注到它。"它一直存在，"诗人丹尼斯·莱利（Denise Riley）这么评论内部言语，"这一事实会让我们无视它的特殊性。"

我们在看苏珊脑海里发生了什么的时候，观察到的这种日常现象是很简单的。我们柏林研究的目的之一在于，观察参与者因接受指示而产生的内部言语在神经激活方面是否与自然产生的内部言语有任何相似之处。研究小组中的三人将所有 DES 短片汇总，独立工作确保我们选定的子集明白无误地包含内部言语。我们用同样的办法处理剩下的"哔"声，标明那些明显没有包含内部言语的瞬间。对内部言语的程度有任何不明确的短片都被排除在我们的分析之外。

然后，我们回顾了每位志愿者最开始参与时获取的一些大脑成像数据。在这部分研究中，人们被要求无声地对自己说话：事实上，他们接到指令，需要按照要求来进行内部言语，正如所有之前关于这个话题的神经成像研究一样。我们的分析聚焦于大脑的两个区域：颞横回和一个大致相当于布罗卡区的区域。颞横回通常与听觉感知相关，而布罗卡区在内部言语的研究中经常出现激活现象，先前的研究已表明这两个区域潜在的重要性。随后，我们将这些激活与我们所观察到的、用 DES 捕捉到的自发产生的内部言语做比较。

这两种激活模式惊人地不同。当人们被要求使用内部言语时，布罗卡区活跃了起来——基于之前让人们做类似事情的研究，你会有这样的预期——但听觉感知区域（颞横回）没有出现激活现象。截然相反的是，被记录下来的内部言语自然发生时布罗卡区只有轻微的活动，相反，听觉感知区域表现出了主要的激活现象。这两种内部言语产生了相反的神经激活模式。正如我们在本书中一直看到的那样，内部言语是一种狡猾的现象，这些研究结果表明，很难让志愿者以任何自然的形式来进行内部言语。你也不能假定人们进行内部言语只是因为你要求他们这么做。令人担忧的言外之意是，如果我们的研究结果得到了证实，我们将不得不重新思考如何去解释这些研究（包括那些旨在解释幻听的神经学基础研究），它们只是让人们进入扫描仪，按照要求产生内部言语。

自 20 世纪 90 年代我成为一名博士生并开始对内部言语进行思考以来，内部言语科学取得了长足的进步。内部自我对话从一个研究者曾认为不可能被研究的现象变成了一个硕果累累的研究领域。本·艾德森－戴和我在 2015 年发表的一篇评论文章中引用了大约 250 篇已发表的研究文献，涵盖了从儿童发育到大脑损伤的话题。再没有人会告诉研究生，因为内部言语不能进行实证研究，所以它不是一个值得研究的话题。

在方法论上，我们取得了一些进步、收获颇丰，但还有很长的路要走。我们特别需要仔细思考内部自我对话与听声这一棘手的话题之间的关系。内部言语模型在各方面受到了诟病，而且毫无疑问，它没有为幻听提供一个完整的解释。这些反对之声中不乏来自体验理应得到解释的那些人的批评。"作为一个社会人，"雷切尔·沃丁厄姆告诉我，"我们偏向于生物化学模型和心理学模型，我们需要更努力地确保其他更多样化的理论有机会进入人们的视野中。"科学测试应该是科学探究的最终仲裁者，任何理论只要对那些拥有这种体验的人来说不真实，这本身就是一个提示，说明我们错过了一些关于其现象学以及它在这些人生命中存在意义的重要信息。如果科学忽视了这些方面的体验，就不是好的科学。

内部言语模型也必须努力解释其他类型的幻象感知。虽然幻听是精神分裂症中幻觉的主要形式，但是精神异常的人也会有其他形式的幻觉。比如，音乐幻觉是很常见的。我们在一项网络调查中就此询问普通人，超过 200 人给予了回复，大约 40 人将他们的经历描述为音乐幻觉。一位回答者说："它就像一部内置 iPod。任何我曾听过的音乐都有可能回到这里。"对另一位回复者来说，有关"天籁"的幻觉是"如此清晰，以至于我以为我没有关掉车上的广播"。我们需要探索内部言语模型的一种版本是否适用于这种类型的音乐幻觉。我们中的许多人都体验过某种"内在音乐"——苏珊在前面描述在扫描仪里的瞬间时报告过这一体验。也许，当内在音乐被错误归因为来自外部时，音乐幻觉，或者至少它们中的某些形式就会产生。

其他形式的幻觉也许更加难以解释。对任何一个特定的感知渠道来说，问题在于内部言语的等价物是什么。在所有情况下，你都会希望提出在该模式中存在一些持续的体验，比如视觉图像。虽然毫无疑问，意识流以多媒体形式展开（我肯定我在地铁车厢的滑稽瞬间中感受到了视觉画面），但内在视觉图像与内部言语类似，目前并没有出现在很多科学理论中。我们很难看到，被我们称为"内在视觉"的东西会实现我们内部对话所能实现的多种功能。要让模型适用于嗅觉幻觉或躯体幻觉则更加困难，比如，闻到光线的味道，或者感觉东西在皮肤上爬。

听见"声音"会引起内外部信息来源的混淆，越来越多的人开始支持这一观点。《神父特德》中有一集，特德给杜格尔绘制了一张有用的图表，帮助他区别来自他自己脑中的东西（在剧中是指一个关于"蜘蛛宝宝"的奇怪的梦）以及世界上真实存在的东西。我们都容易犯这样的错误，如果你曾将梦境与实际发生的事情弄混过，你会知道的。不出所料，区别内外部事件的能力（术语为现实性监测）被认为在幻觉中发挥了重要的作用。

研究者开始理解这些过程如何在大脑中运作。剑桥大学的乔恩·西蒙斯（Jon Simons）的学生玛丽·布达（Marie Buda）表明，现实性检测能力与内侧前额皮质中特定结构的变化有关，即大脑表面一个被称为副扣带沟的褶皱。我们中有大约一半的人拥有非常明显的褶皱，在布达的研究中，脑部存在褶皱表明人们会在现实性监测任务中表现得更出色。在最近的一项研究中，西蒙斯的学生简·加里森（Jan Garrison）着眼于研究大脑褶皱更精细的方法，她从一个更大的精神分裂症患者的样本中，通过结构性大脑扫描精确地测量了褶皱的长度。她指出，左半球褶皱的长度是患者是否会产生幻觉的最佳预测因子——在对类似于大脑折叠结构的数量以及大脑容量等各种其他因素加以控制的分析中也是如此。实际上，简可以用数字做总结：褶皱长度每减少一厘米，个人产生幻觉的概率就增加近 20%。

至关重要的是，褶皱大小与产生幻觉的倾向之间的关系并不由幻觉是哪种形式决定。听声者和其他产生幻觉的人在他们的褶皱长度上没有差异。如果这部分大脑参与了对内外部事件的区分，与之关联的似乎是出现幻觉的总趋势，而不只针对幻听。然而，幻听是相比于其他感官渠道更加常见的幻觉体验。也许，产生内部言语的大脑系统与这个前额现实性检测系统高度相连，因而这些系统间通信的任何中断都有可能导致产生幻听，而不是产生其他形式的幻觉。已出现有力的证据表明，听声者处于静息状态时，大脑中不同区域的联系与常人不同，特别是在涉及内部言语的颞区和支持现实性检测的前部区域。

因此，对为何有些人会听见"声音"做出解释包含大量截然不同的过程。在许多听声体验中，内部言语可能是被错误归因的内部事件，从而被感知为一种声音。但这种归因不是发生在真空中的。在现实性检测结构中，决定事件是在内部还是外部发生受到众多其他因素的影响。通常倾向于做出一种解释而不是另一种解释的，其中一般偏差大概与信息可能从何而来的特定预期有关。过去听到过声音并受其困扰的人有可能会关注它的再次发生，这就会让他们的解释有所偏颇，并使他们对听声的担忧成为一种自我实现预言*。

幻听的一种类型似乎就阐明了这种一般偏差。"当人们感觉受

---

* 美国社会学家罗伯特·默顿提出的概念，指预言后用可以促使预言实现的方式行为，从而使预言逐步成为现实的预言。——编者注

到威胁，"临床心理学家盖伊·道奇森（Guy Dodgson）告诉我，"进化使得他们对危险信号过度警觉，这会导致人们错误地'听见'他们所预期的威胁。"这种因"过度警觉"产生的幻觉表明了心理学中的一种典型差异，自下而上的过程（由来自环境中的数据所驱动）与自上而下的过程（人们的信念与情感能够改变感知）之间的差异。在适当的压力和预期下，人们可以很容易在类似于手机铃声或寻呼机嘟嘟声的信号中感知到交流的欲望。最近一项研究显示，哺乳期的母亲在她们吸奶器的噪声中听见人说话或其他声音并不罕见，比如像"抓住我的手臂"这种不断重复、令人震惊的话语。

这种偏差的一个文学上的例子来自英国作家伊夫林·沃（Evelyn Waugh），他在其 1957 年的小说《吉尔伯特·平福德的受难》（*The Ordeal of Gilbert Pinfold*）中描述了听声体验。在酒精和安眠药的共同作用下，中年作家吉尔伯特·平福德开始幻想有人的声音从船的管道中传来。奥利弗·萨克斯在《幻觉》（*Hallucination*）一书中，将平福特的受难视为作家对自己由毒素引发的精神错乱的自传式的描述，不仅如此，它也展示了幻觉如何"被个人智力、情感和想象力，以及他潜在的信仰和文化风格所塑造"。文化信仰会以各种方式，对幻觉体验施以自上而下的影响。在近期对例证的回顾中我们总结道，个人的文化背景会影响其判断什么是"现实"，塑造其对幻觉的感受，并影响被归因于幻觉的意义。例如，斯坦福大学的人类学家坦尼娅·鲁尔曼（Tanya Luhrmann）进行的一项研究表明，印度和加纳的听声患者与加利福尼亚州的对照组相比，更有可能将他们听见的声音认知为自己认识的人，并让他们加入对话——这个发现很难与如下观点保持一致：幻觉从生物机制角度可以被完全解释。

不仅是自上而下的过程会受到个人文化背景的影响。维果茨基的观点是，内部言语由社会对话所塑造，它由社会对话派生而来，反过来受到影响人们相互交流方式的文化规范的影响。影响程度尤其高的是在自言自语被内化期间，孩童与其照顾者之间的交流。在自言自语的发展变化中，很少有跨文化的研究。阿卜杜拉赫曼·阿尔·那木拉研究了来自英国和沙特阿拉伯的儿童样本，他预期，是否鼓励孩童参与成年人对话的文化差异会在那些孩童的自言自语中得以体现。根据我们的假设，沙特孩童使用自言自语时，不会表现出性别差异（男孩说的话比女孩多），在英国对照组中却有所表现。我们认为这或许反映了沙特女孩有机会在只有女性的社交群体中表达自己，相比之下，沙特男孩在只有男性的讨论中会聆听，但不主动参与。

目前，这种对自言自语中文化差异的有限研究兴趣，并没有延续到内部自我对话的研究中。我们需要更多地了解特定的语言如何赋予内部言语特定的属性，以及它们如何开启在其他语言中不可能的思维模式。除了个人叙述，比如阿木·侯赛因有关用乌尔都语和用英语思考的差异的描述，几乎没有关于这个话题的研究。我们还需要更多地了解内部言语被其社会背景所塑造的过程，并提出更深入的问题——语言在内部发展过程中，具体是如何发生变化的。一个明显的挑战在于了解更多语言压缩的过程。

正如我们所见，从压缩式内部言语到扩展式内部言语的转变，有可能是导致对听声的错误归因的特定导火索。未来面临的一个问题是，压缩式内部言语电报般精简的特性能否让其免于被错误归因，从而只有内部自我对话的扩展形式才有可能被错误地归因于另一实体。如果这一预想成立的话，它将会反过来帮助我们解开以下难题，尽管存在这些所谓的一般处理偏向，为什么只有部分内部言语会被错误地感知为外部声音？

声音拟人化、富有特色的特性也需要解释。一种可能是，某些事物会随着体会和记录他人精神状态——被称为社会认知或心理理论的心理性能——的一般过程而发生偏离。在本·艾德森-戴和我开发的模型中，这些心理理论的异常过程丢弃了捕捉对话式内部言语"开口槽"的社会表征，并将一个之前不在那里的角色放入了内部对话之中。

声音的大部分奥秘在于，内部言语网络如何与其他大脑系统相协作。我们之前看到，内部言语似乎"插入"了其他认知系统，如所谓的执行功能，使我们得以计划、控制并且抑制自己的行为。通常认为，大脑中使我们专注于执行任务的系统与大脑默认模式或休息网络不同时工作。粗略地说，当一个网络开启时，另一个关闭，反之亦然。但内部言语也会插入到默认网络中。我们认为默认网络支持我们思维的某些方面，像白日梦或走神，它们没有专注于特定的任务。虽然这项研究还处于起步阶段，但显而易见，许多走神本质上是语言性的，其大部分可以从本质上被描述为内部言语中的白日梦。所以内部言语系统可以分别与两个通常被认为不同时工作的系统交互。我们脑海中的语言能够控制和指挥，也可以塑造幻想与梦想。

当我们思考内部言语研究的未来之时，我们不应该忘记这些声音的过去。也许默认网络最重要的作用体现在自传式回忆中：我们不断编织关于自己过去生活的故事。内部言语系统与默认网络之间的交互，也许解释了有多少幻觉的声音与记忆处理有关。不将"内部言语"与"记忆"声音之间的区别视为两个单独系统之间的差异，而将内部言语网络当作像创伤一样的休眠记忆表现重新被激活的一个渠道，也许更有道理——有时候激活发生在创伤事件过后的几十年。再者，对于可怕的记忆在我们脑海中以语言的形式再次出现的过程，仍然需要大量研究。

我们脑海中的声音是强大的体验。日常的内部言语甚至可以很显著，超越有时能被听到的陈词滥调。这可以说有点儿像电影旁白的作用——口头评论，它几乎就像电影的内部言语。在2014年获奥斯卡奖的黑色喜剧《鸟人》（*Birdman*）中，电影旁白就是一个幻觉的声音：来自主角超级英雄的第二自我的评论。在有声电影出现之前，为了弄懂屏幕上画面的意思，观众有很多事情要做。对俄罗斯文学理论家鲍里斯·艾肯鲍姆（Boris Eichenbaum）来说，内部言语是某种机制的一部分，通过这个机制，观众得以理解无声画面视觉流动中的不连续性。社会学家诺伯特·威利（Norbert Wiley）将这一点反过来看，他提出内部言语解释了我们的日常意识流，就像旧时电影观众的内部自我对话使得屏幕上闪烁的画面有了意义。"生活，"威利写道，"类似一部无声电影，而内部言语使那些意识流结合在一起。"

　　由于许多原因，内部言语是我们与自己交流的主要模式，就像外部言语是我们与他人互动的默认渠道。如果在内部交流过程中有些事情变化了，那么不寻常甚至令人不安的体验就会随之而来。对于有某些形式体验的听声者来说，对正在发生之事的看法——无论如何，这是自我交流的一个扭曲例子——可以是一种令人宽慰的、甚至开放的想法。

　　将内部言语认为是与自我的对话，我们从中能收获什么？从专业运动员自我控制的劝诫到中世纪英国神秘主义者的神圣启示，我认为，将我们脑海中的声音聚焦为内部对话可以揭示我们精神生活中一些令人费解的特点。我想说服你，我们脑海中的声音拥有多种功能，这些功能与它们各种各样的形式有关，反过来又受到童年时期内部言语如何发展的影响，而自我对话在每个阶段都违背了其社会根源。将内部言语视为不同寻常的听声体验的对照物，并对其加以探索，我们就能更好地体会到听声体验的多样性，了解二者的异同，从而对它们在个人、文化、心理方面的意义有更深层次的把握。

　　我列举的某些体验似乎稍微扩大了我们定义的内部对话的界限。比如，小说家的创造思维似乎与无意听见或偷听有更多共同点，而不那么像参与交互式对话。我们的作家很少说他们直接与自己的角色交谈。至于我自己的小说创作，我感觉（也许有些迷信）回过头与我的角色对话也许会扰乱正缓缓呈现出来的东西。

开口槽模型有可能需要加以完善，这样声音便可以进入脑海（也许通过一些社会表征的异常激活），否则一旦声音存在，就不得不以对话的形式参与。可以说，你只能让其他声音像这样进入你的脑海，因为你拥有内部对话的对话式结构，而它是你作为人类进化的一项功能。我们只是不知道而已。但这至少是一种思考有关创造力的漫长而神秘过程的新方法。

对话式内部言语模型，也有助于我们从不同角度看待那些在精神层面听见"声音"的人。虽然玛格芮·坎普的经历对今天我们理解听声有所启发，但在将她和她那一类人完全作为受幻觉侵袭的例子时，我们应该保持警惕。我们非常有必要正常化这种体验，减少对它们的污蔑，但轻视这一强大、深刻，又时常具有灾难性危害的现象是存在风险的，对听力正常者与听声者都有潜在的危险。

相反，我们可以将玛格芮和像她一样的人的体验作为内部对话的一部分。玛格芮是在向神祈祷，还是只是在对自己说话？答案当然取决于你的世界观。我们不去否认她的体验在精神层面上的意义，我认为通过采用内部对话的方法，尤其是如果我们还区分它的压缩式和扩展式的版本，我们可以走得很远。在她每天压缩式的内部言语中，玛格芮和上帝进行着对话，但以一种精炼、简化了的形式达到了维果茨基所描述的那种"以纯粹的意义来思考"的状态。当内部对话得以扩展，上帝的声音在玛格芮的脑海中回响。将她与上帝"同在"的日常状态当作压缩式内部对话的一种形式，而不是明确的对话，给我们提供了一种截然不同的方式来思考精神冥想的心理状态。

采用对话式结构也将我们带到了更接近听声者说辞的地方，甚至对那些可能强烈排斥标准的内部言语模型的人来说也是如此。它反映了许多听声者的认知，他们认为声音是自我不同部分之间的一段对话，而通常来说，是有问题的对话。这些部分也许互不连贯甚至相互觉得陌生，而且听声者可能需要勇气才会将它们视为自己的一部分，但这种认知是理解这种体验的宝贵方法。将听声视为与自己的对话，不会让我们陷入一种内部言语的简化模型，也不会迫使我们无视这种体验富有活力的复杂性。

与此同时，听声者通常能够将他们的日常内部言语与他们的声音加以区分，而这两者截然不同。比如，杰伊告诉我们他的声音比他说话的速度要慢。考虑到他也说过他的内部言语一般像他的外部声音，由此可见，他声音的速度比他内部言语的语速要慢得多。相反，亚当认为他的声音是他想法的一部分，但是那种仍然会对自己进行评论的想法。例如，当我们进行 DES 试验时，"首领"时常会凑热闹。"我知道你在说什么。"当亚当正在描述一次非常平常的没有声音出现的体验瞬间时，一度这么说。随着时间的推移，亚当放弃对这两种体验加以区分了。"我没有思想，"他告诉我们，"但我有一个声音。"在老牌的精神病学中，这意味着亚当不是真的听见"声音"，而是患有"假性幻觉"（pseudo-hallucination）。这个几乎完全无意义的术语正从许多人的喜好变成他们的宽慰。亚当的体验对他来说是真实的，将它们摒弃为一种错误体验的错误版本，并不能真正给予任何人帮助。

那么，我们可以从脑海中这些对话的重要性中得出什么结论呢？我们可以很轻易地反对人类需要语言才能有智慧的想法。关于思考是否取决于语言的哲学文献极其复杂，而我对此的观点现在看来应该很明确了。首先，除非我们愿意通过思考进一步明确自己的意图，否则我们不能进行对话。对许多被我们称为思考的活动来说，自我导向型语言的使用是一个巨大的推动力，但它绝不是必需的。人类进行大部分思考恰巧使用了内部言语，但它绝对不是唯一的方式。

我们需要明确自己所说的语言是什么意思。对维果茨基来说，语言充当的是心理方面的工具，能够拓宽用心理能力完成的事情的范围。但是这种功能可以通过任何足够复杂的标识系统来完成，当然不限于语言或听觉。失聪在很多方面影响语言的使用，但没有理由解释失聪的人不能用手语进行内部交流的原因。许多失聪的人实际上是使用双语的，而且所有形式的双语都会引发我们对内部对话深刻的质疑。当我在进行演讲的时候，我最喜欢的一个招数是问屋子里有没有人说两种语言。通常有几个人会举手，这时候我会随机问一个人："那么你用什么语言思考？"人们总是会以愉悦和各式各样的方式回答这一问题，但对我来说，有趣的事在于这个问题是说得通的。如果思考不是语言性的，人们也许会以困惑的表情回应那个问题。

在没有任何语言的情况下，有关思考的例子则有些复杂。在失语的情况下，人们通常在学习说话之后失去了语言功能（由于大脑损伤或疾病）——也可能是在他们有机会学习与自己对话之后。因而，研究失语症中的认知功能不是对模型的严格检测，因为对话式思考所需的结构是在语言完整的时期发展的。

像自闭症那样的发育障碍也不同。我们对自闭症的内部言语所知甚少，一部分是因为该疾病是从语言和交流方面的问题的角度来定义的，这意味着让自闭症患者描述他们的内心体验会很困难。我们拥有的少量证据表明，患有自闭症的人确实会使用内部言语，但似乎其内部言语不会具有正常人那样对话式及自我交流式的特点。其原因有可能是随着自闭症儿童的成长，该障碍限制了他们社交互动的机会。如果没有参与过社会性对话，你就不可能真正将其内化。

询问思维如何受到各种以自闭症和失语症为代表的语言障碍的影响，也会告诉我们一些信息，用以解释为什么内部言语可能会发展演变。无论你将语言视为一种生物学上的完善还是一种文化创造，都没太大的关系，重要的是内部言语是否会给生物体带来好处。如前所述，内部言语有助于将大量大脑所做的不同事情整合起来。一个经过进化以实现许多不同功能的大脑，需要一些方法来融合这些不同的信息处理系统。按照一些学者的看法，语言参与人类认知（最终以精神声音的形式），是因为它能够将独立自主的大脑系统的产出捆绑在一起。不同的体验流经我们的意识：视觉画面、声音、音乐及感觉。然而，内部言语将它们全部串联在一起，使得不同的神经系统通过内部言语系统网络灵活地、有选择性地插入其他系统，相互对话。

如果内部言语拥有这种用处，那一定是个福音。如果它真的能有救命的作用——如许多人在极端情况下的听声体验所表明的那样——那么更有理由认为，在面对自然选择时，内部言语会一直保留下去。许多听声者会将他们的体验与特定的创伤事件联系在一起。"我的声音救了我的命，"艺术家多利·森在一次访谈中说，"我本可以说'我不值得活下去，我父亲想要杀我，没人关心我，还不如死了'。而且，我曾经自杀过。我的声音所做的就是保护我……那段时间里，我无法直面真相，声音帮助我做到了。"听声运动的创始人马吕斯·罗姆和桑德拉·埃舍尔极具说服力地总结道，声音扮演着施虐者和保护者的双重角色。"这种体验，"他们写道，"既是对个人身份的攻击，又是使之保持完整的尝试。"如果我们坚持告诉人们，他们的声音是神经垃圾，那么这项体验的深刻部分以及一种可能减轻痛苦的途径就丢失了。

　　我们内心的声音可以帮助我们保持安全。进行无声的内部对话也有明显的进化益处。如果和自己对话会让我们泄露对捕食者或敌人的立场，那就不是什么好事了——这是我在地铁车厢里的想法不会造成社会资本的损失的原因之一。保持我们内部对话的私密性的压力有可能来自社会，也可能来自进化角度。为什么自言自语在童年中期会"转入地下"，有可能是因为大声自言自语在西方学校中很少被允许。即使越来越多人认识到，可听见的自我对话对成年人来说依然非常宝贵，这显然与皮亚杰时代看待成人的自言自语有些不同了。这位伟大的发展心理学家写道："不论是来自工人阶级的人，还是心不在焉的知识分子，许多人都习惯与自己对话，或者保持听得见的自言自语，更不要说内部言语了。"

对清洁工和心不在焉的大学教授来说都是如此，但皮亚杰显然认为和自己说话不是文明人应该做的事。

内部言语能为我们做的事情已经很多了，随着对其研究的增加，它能为我们所做之事有可能会越来越多。一方面，我认为内部言语会在记忆中发挥巨大作用。我们已经知道口头复述材料是人类工作记忆系统中重要的一部分（想一下当你在超市里面走来走去时，你对自己默背购物清单）。从更长的时间区间来看，与自己对话也许是我们掌握过去的方式中的重要部分。众所周知，孩童自传式记忆的发展受到父母与之进行的有关过去事件的对话的影响。如果孩童接触到的是成年人详细叙述的对话，比如事件主角的情绪和感受，他们就会形成自己更丰富的自传式叙述。在使用伦敦塔任务的研究中，阿卜杜拉赫曼·阿尔·那木拉发现，使用了更多自我调控式自言自语的孩童也会产生更多更复杂的自传式叙述。有证据表明，成年人的记忆也会受到内部言语的调节。会说两种语言的人发现，如果用事情发生时他们所说的语言问其问题，较之于用他们最近学的语言提问，会让他们更容易回忆起这些事情。这与我们口头编码记忆的想法相一致，因而他们对被用于询问的语言种类很敏感。

内部言语如此显著的作用让我们更加清楚地意识到了自身角色。"我们的内部语言，"丹尼斯·莱利写道，"至少对我们很忠诚。无论是令人宽慰还是令人不安，它随时都在那里……它像一位不愿离开的客人一样，始终如一地陪伴着我们。"加拿大心理学家阿兰·莫林（Alain Morin）表示，与自己更频繁地对话的人也会在有关自我意识和自我评估的测试中得分更高。这表明，我们编造的有关自己的陈述在明确自我中发挥作用，而有关失语症的研究表明，这一症状会伴随着对自我意识的减少。比如，吉尔·伯特·泰勒（Jill Botle Taylor）博士在一次中风后暂时失去了说话的能力，她写道："极度的沉默占据了我的脑海。"同时伴随着她个人意识的减少和获取自传式记忆能力的下降。当我们失去与自己对话的能力时，我们可能也失去了对我们是谁的感知。

另一个内部言语能起重要作用的领域则是我们关于对与错的思辨。我面对两难局面时，很有可能会经历一场完全展开的内部对话。几乎没有关于这个话题的研究，虽然有一项研究观察了孩童如何运用大声说出的自言自语来思考道德问题。一个八岁的美国女孩描述了当大人不在家的时候，她如何应对管教妹妹的问题：

> 好吧，是的，我是这么做的。因为有时候，我奶奶、妈妈和爸爸不在的时候，她喜欢去不该去的地方，我就会说"不，你不可以这样"。在我说"可以"或"不可以"之前，我会先和自己说——然后再和她说……好吧，我先和自己说"我不知道，我要想想"……她坐了一会儿，直到我说话，我说"不行"，因为我不知道她会去哪里，她甚至有可能会去外面。

这种内部对话似乎具有道德层面的功能：帮助孩子辨别对错。也许，那种摇摆不定的观点在未来生活中继续是有价值的。在克里斯托弗·伊舍伍德（Christopher Isherwood）的回忆录《克里斯托弗和他的同类》（*Christopher and His Kind*）中，年轻的伊舍伍德就自己是同性恋的事情与自己进行了一场愤怒的对话：

> 即便你用尽全力，都不能让自己对女孩的形体感到兴奋吗？你难道不能创作另一个神话，把女孩放进去？为什么我要这样？好吧，如果你做到了的话，对你来说就方便多了。

在罗素的 DES 研究中，完全展开的道德争论很少，即使会有些碎片出现。在一个样本中，一个女人一边读文章，一边在想她与丈夫前几天的一次争吵。她回想那次争论，并很生气地想他怎么能说出那些话。她没有报告具体的语言，报告的更像是重新受伤和不愉快的感觉。一个有关内部言语更具体的例子是，一个女人和她妹妹讨论在其西班牙语作业中作弊是对是错。当"哔"声响起的瞬间，她在内心对自己说："这很简单。"

内部言语的这些积极作用，提高了在消极作用出现时我们解决它的概率。幻听并不是蕴含内部言语的唯一病理学体验。忧思指的是过度沉浸在痛苦和不幸福的缘由之中，它与一些包括幻觉在内的精神病症状有关。关于忧思是不是一种特定的口语现象，几乎没人做过调查，虽然在许多情况下，它看上去正是如此。听觉形式也许是一种特别适用于沉浸在悲惨事情上的渠道。一方面，你可以和声音表征进行一场自我主导的对话——特别是那些形式富有特点、具有主观意识的"他人"的声音，但以这种形式很难与视觉形象对话。因此，也许对具有创造性、开放性的内部对话来说，言语性的忧思是个令人伤感的对照物。

也许，这甚至是理解"听声运动"观点的一种方法，即声音是一种安全机制。如果负面情绪通过听觉形式得以疏导，这可能会让它们更容易处理。声音和负面的忧思也许不那么让人愉快，但至少它们可以互相接洽。在这种情况下，内部言语的优势可能最终体现在它不断进化的角色中，使生物体应对痛苦。与阿凡达治疗法相似，赋予痛苦的思想一种外在的物质形式，也许可以使承受者更容易与之接触，从而减少它造成的不幸。

这一观点显然与认知行为疗法的一些原则相符。如果你通过CBT 治疗抑郁症，你会被鼓励记录下自己的负面思想，比如在日记中把它们记录下来，然后仔细检查，观察它们是否能说得通。用 CBT 来治疗听声也是类似的方法。在达勒姆我们一直在开发的一套模型中，我们专注于帮助客户理解内部言语从何而来，以及为何会拥有它所有的特性。我们鼓励一位患者想象正在折磨他的邪恶心理学家，并在想象中重塑他们的声音，把他们变成难以认真对待的喜剧角色。"这是为了改变他的声音，使它们听起来不那么危险，"CBT 操作手册的创始人之一戴维·斯梅尔斯（David Smailes）说，"患者意识到，他能够对自己的声音施加一些控制，就像他能控制自己的内部言语一样。"其结果是，声音似乎不那么强大了，这是使听声体验对他来说不那么痛苦的关键。

这项工作的另一方面在于帮助人们认识到他们脑海中的想法——语言及其他形式——总是不受他们的控制。问题在于，侵入式的认知是否会发生：它们不可避免地会发生，在像强迫症那样的病症中，它们会引起严重的痛苦。关键似乎在于个人在这些流氓想法出现时如何应对。我最喜欢的有关这些解释的作用的例子是历史性的。塞缪尔·约翰逊（Samuel Johnson）深受疑虑和忧思所困，他被其传记作家詹姆斯·博斯韦尔（James Boswell）比作一个与野兽对抗的角斗士。他的生存是一场争取自我控制的绝望之战。"一切超越理智的想象的力量都是某种程度的神经错乱，"约翰逊写道，"但这种力量是我们可以控制和压抑的，它对他人不可见，也不会被认为是心智退化：它不会被称为疯狂，但它不受控制，而且会明显地影响语言或行为。"约翰逊对其理智深感担忧，任何不是源自理性力量的东西都对他脆弱的精神平衡造成威胁，而这种精神平衡他非常珍视。

相反，博斯韦尔欣然接受这样的混乱、入侵和随意性。文学家艾伦·英格拉姆（Allan Ingram）指出，博斯韦尔痴迷于自己大脑的运作方式，而且抱着兴奋和热情的态度欢迎约翰逊非常惧怕的那些不可思议的想法——"那些占据了我的怪想和突如其来的绚丽的想象"：

> 我真的对自己非常满意，词语像莫法特山上的羔羊一样向我跳跃而来。我顺利而不经意地转向下一章节，就像一位技术娴熟的车匠在转向机上转至顶部。这就是想象！这就是比喻！简而言之，我现在就是个天才。

　　博斯韦尔了解类似于约翰逊面临的"忧郁"，一次相似的感情侵袭由精神错乱的力量带来，但他以截然不同的方式回应它们。两位文学巨匠拥有非常相近的经历，却以两种完全相反的态度来对待它们。

　　抑制内部对话的一种更激烈的方式是尝试完全摈弃思考。《辛普森一家》中有一集，霍默带着女儿丽萨试用一个感官剥离箱。箱子的盖子一合上，霍默就达到了一种头脑放空、超脱一切的状态，而丽萨则发现要关掉大脑需要费更大的力气。"我很难把我的大脑关掉。我必须停止思考，开始……现在。嘿，有用了！噢，不，我还是在思考。"我与一些禅修者交谈过，他们声称自己能完全放空大脑：没有语言，没有画面，什么都没有。在基督教会中，否定神学 * 的传统鼓励践行者通过获得一种真正的内在沉默来接近上帝的完美——正如玛格芮和朱利安那个时代的无名氏所著的《不知之云》（*The Cloud of Unknowning*）中记载的那样。如今更受欢迎的是佛学中提倡的正念禅修，与其将其说成是摈弃思考，不如说是给思考者提供了一个崭新的思考角度。当一个想法来临时，谨慎的冥想者可以置身想法之外，就像听声者接受 CBT 治疗，学习用一种临界距离来观察困扰着他们的声音。

　　实现这种距离的另一种方法是将声音理解为来自一个非物质实体。越来越多人在精神系统中理解他们的听声体验，而不是在神经科学、创伤相关理论或任何其他理论框架中。考虑到

---

* 基督教神学对上帝存在不做论证的研究方法，否定对上帝的任何人为界定，强调上帝本身不可言状，不可触及，不可认知和解释。——编者注

可交流的实体的感受对听声来说如此重要，从精神层面加以解释似乎更加自然。我不信奉宗教，但对我来说，许多信仰者认为他们的日常思考可能拥有超自然的来源，没有必要从听声的角度来描述它们。

我们已经在 15 世纪神秘主义者的作品中目睹了这一系列的体验——从大声说出的声音到神的启示的思想。在之后的时代里，约翰·卫斯理（John Wesley）的赞美诗列举了许多对"细小的内在的声音……悄悄地赦免了我所有的罪孽"的渴望。在这里警惕声音的隐喻使用很重要，就像必须谨慎地解释像威廉·布莱克一样的知名人士的听声体验那样。人们常常说良知的声音指引我们履行道德义务。对西格蒙德·弗洛伊德（Sigmud Freud）来说，这是超我的言语，在某些情况下会表现为一种幻觉（比如，弗洛伊德相信，患有精神分裂症的人会听见评论自身行为的声音）。在国民大会党获得了 2004 年印度大选的胜利后，索尼亚·甘地（Sonia Gandhi）宣布，由于自己"内心的声音"，她不会担任总理一职。这种隐喻或许可以被拿来与她同姓的圣雄甘地相对比，指引他的内在精神则拥有更实质性的特点。甘地在与禁食期的两难困境斗争时，会"非常近距离地"听到一个声音，"毫无疑问是人的声音在对我说话，而且无法抗拒……我听了听，确信它是声音，随后抗拒，它便停止了"。

有关祈祷者心理的研究发现，许多信奉宗教的人拥有生动的听声体验。人类学家西蒙·戴恩（Simon Dein）进行了一项研究，对 25 名位于伦敦东北方向的五旬节会的基督徒进行了深入的访谈，他们曾报告上帝的声音回应了他们的祷告。15名教徒表示，听见的声音有时候是从某个外部的位置传来的。这种神圣的声音与接收者自己的想法有所区别，而且有时候会具有最朴实的人类的特点——有一位教徒听见上帝用北爱尔兰口音说话。许多受访者报告说，他们与神圣的声音进行了对话，而那些声音质疑了他们，要求他们给予说明。"上帝是如何说的？"当一位教徒询问她是否真的需要支付一大笔什一税*时，一个声音这样问道。她的回答是上帝让她将收入的十分之一捐献给教会。"那么，你知道如何做了。"声音说道。

　　上帝的指示并不总像这种情况下那么顺从地被执行。在接下来对伦敦福音派基督徒的研究中，戴恩和神学家克里斯·库克询问了8名教徒与神交流的体验。玛格芮·坎普接受上帝指示，上帝要她前往诺里奇拜访朱利安时，她顺从了，而受访教徒的表现却与这种顺从相去甚远。所有参与者都报告说，他们在这些交流中保持了自我，而且可以选择要不要听从声音的指示。人类学家坦尼娅·鲁尔曼也发现，当上帝说话时，人类不会总去执行。她对葡萄园教会（一个新生的福音派基督教派）中听见上帝声音的现象进行了深入的研究，并讲述一个女人听见上帝给予了她非常明确的指示：

　　　　"4月的时候，上帝曾非常明确地对我说，4月或是5月，
　　　　去成立一所学校。"

---

*　欧洲基督教会向居民征收的宗教捐税，主要用于神职人员的薪俸、教堂日常经费及赈济。——编者注

"你听见了这句话？"

"是的。"

"你那时是独自一人吗？"

"是的，我在祈祷。我没有祈祷什么实质的东西，只是在想着上帝，然后我听见：'成立一所学校。'我立刻站起来，然后说：'好的，上帝，在哪里？'"

但她没有。她从没有觉得一定要成立一所学校。

你脑海中的那个声音是什么呢？它是你在厨房切胡萝卜时、等公交车时、查看电子邮件时或进退两难时听见的那个声音。是你在对自己说话，或者你是那个被谈话不断纠缠的人？在这种情况下，如果声音消失了，你会去哪里？它会消失吗？年幼孩童大声交谈时提到的"我"或"你"是谁呢？谁又是说话者呢——特别当脆弱的自我仍然处于被塑造的阶段时？谁在对书房里的小说家说话？谁又在对病房里的精神病患者说话？谁在对长椅上默默祈祷的信徒说话？谁又在对聆听破碎自我的叙说的普通听声者说话？这些由幻听带来的破碎而分离的自我的碎片保护了些什么，又帮助我们理解了些什么呢？"这完全是声音的问题，"贝克特的《无名氏》提醒我们，"没有其他比喻是合适的。"

我坐在书房里，打下这些文字。我听见下一个句子在我脑海中回响。当我看着它在屏幕上成形时，一个声音又对我把它重复了一遍。在这个明媚的2月的下午，我停下工作，望向窗外，听冬风呼啸。声音现在安静下来了，但刚刚急迫而喋喋不休的魅影还在那里。我对自己大声地喃喃自语，念出正在琢磨的句子。我是不停运作的大脑的产物吗？我是曾听见的又回到我这里的回响吗？还是说，我是被所有这些——自我、语言及现实——所构建的过程中的一部分？一阵短暂的沉默出现了。我一直那么努力地工作，我很累了。但我知道不久之后，声音又会重新出现：以轻柔的、不起眼的而又非常熟悉的方式。虽然我脑海中的声音有时会责骂我，敦促我做得更好，但它从不会恐吓我或贬低我。它会告诉我一些我不知道的事。它会让我惊讶，使我发笑，而所有这些都让我意识到自己是谁。我曾听见过它。

注 释

Vladimir Nabokov, *Strong Opinions*, London: Weidenfeld & Nicolson, 1974, p. 30.

Thomas Nagel, 'What is it like to be a bat?', *Philosophical Review*, 83, pp. 435–450, 1974.

Terence Horgan and John Tienson, 'The intentionality of phenomenology and the phenomenology of intentionality', in David J. Chalmers, ed., *Philosophy of Mind: Classical and contemporary readings*, Oxford: Oxford University Press, 2002.

Peter Carruthers and Bénédicte Veillet, 'The case against cognitive phenomenology', in Tim Bayne and Michelle Montague, eds, *Cognitive Phenomenology*, Oxford: Oxford University Press, 2011.

Russell T. Hurlburt and Eric Schwitzgebel, Describing Inner Experience? Proponent meets skeptic, Cambridge, MA: MIT Press, 2007.

Ludwig Wittgenstein, *Philosophical Investigations* (G. E. M. Anscombe, trans.), Oxford: Basil Blackwell, 1958.

Philip N. Johnson-Laird, *The Computer and the Mind: An introduction to cognitive science,* London: Fontana, 1988.

Ray Jackendoff, *A User's Guide to Thought and Meaning*, Oxford: Oxford University Press, 2012.

Robert B. Zipursky, Thomas J. Reilly and Robin M. Murray, 'The myth of schizophrenia as a progressive brain disease', *Schizophrenia Bulletin*, vol. 39, pp. 1363–1372, 2013.

Eleanor Longden, Learning from the Voices in My Head, TED Books, 2013.

Sir Charles Sherrington, *Man on His Nature*, Cambridge: Cambridge University Press, 1940, p. 225.

Miguel de Unamuno, *The Tragic Sense of Life in Men and in Peoples* (J. E. Crawford Flitch, trans.), London: Macmillan, 1931, p. 25.

Jonathan Smallwood and Jonathan W. Schooler, 'The science of mind wandering: Empirically navigating the stream of consciousness', *Annual Review of Psychology*, vol. 66, pp. 487–518, 2015.

Plato, *Theaetetus*, in *Dialogues of Plato* (Benjamin Jowett, trans.), vol. 3, Cambridge: Cambridge University Press, 1871.

René Descartes, *Discourse on Method* and the *Meditations* (F. E. Sutcliffe, trans.), Harmondsworth: Penguin, 1968.

William James, *Principles of Psychology,* vol. 1, London: Macmillan, 1901, p. 191.

Wilhelm Wundt, 'Selbstbeobachtung und innere Wahrnehmung', *Philosophische Studien*, vol. 4, pp. 292–309, 1888.

Edwin G. Boring, 'A history of introspection', *Psychological Bulletin*, vol. 50, pp. 169–189, 1953

James, *Principles of Psychology*, vol. I, p. 189, 244.

Kurt Danziger, 'The history of introspection reconsidered', *Journal of the History of the Behavioural Sciences*, vol. 16, pp. 241–62, 1980.

Richard E. Nisbett and Timothy DeCamp Wilson, 'Telling more than we can know: Verbal reports on mental processes', *Psychological Review*, vol. 84, pp. 231–259, 1977.

Michael D. Storms and Richard E. Nesbit, 'Insomnia and the attribution process', *Journal of Personality and Social Psychology*, vol. 2, 319–328, 1970.

Russell T. Hurlburt and Christopher L. Heavey, 'Telling what we know: Describing inner experience', *Trends in Cognitive Sciences*, vol. 5, pp. 400–403, 2001.

Eric Schwitzgebel, 'Eric's reflections', in Hurlburt and Schwitzgebel, *Describing Inner Experience?*, pp. 221–250.

Peter Carruthers, *Language, Thought, and Consciousness*, Cambridge: Cambridge University Press, 1996, p. 51.

Bernard J. Baars, *In the Theater of Consciousness: The workspace of the mind*, Oxford: Oxford University Press, 1997, p. 75.

Bernard J. Baars, 'How brain reveals mind: Neural studies support the fundamental role of conscious experience', *Journal of Consciousness Studies*, vol. 10, pp. 100–114, 2003.

Eric Klinger and W. Miles Cox, 'Dimensions of thought flow in everyday life', *Imagination, Cognition and Personality*, vol. 7, 1970, pp. 105–28.

Russell T. Hurlburt, Christopher L. Heavey and Jason M. Kelsey, 'Toward a phenomenology of inner speaking', *Consciousness and Cognition*, vol. 22, pp. 1477–1494, 2013.

Pascal Delamillieure et al., 'The resting state questionnaire: An introspective questionnaire for evaluation of inner experience during the conscious resting state', *Brain Research Bulletin*, vol. 81, pp. 565–573, 2010.

Alan Richardson, 'Verbalizer–visualizer: A cognitive style dimension', *Journal of Mental Imagery*, vol. 1, pp. 109–125, 1977.

Adam Winsler, Charles Fernyhough and Ignacio Montero, eds, Private speech, executive functioning, and the development of verbal self-regulation, Cambridge: Cambridge University Press, 2009.

W. Timothy Gallwey, *The Inner Game of Tennis*, New York: Random House, 1974, p. 9.

William James, *Principles of Psychology*, vol. 1, London: Macmillan, 1901, p. 281.

Charles Sanders Peirce, *Collected Papers of Charles Sanders Peirce* (C. Hartshorne and P. Weiss, eds), vol. 4, 1933, p. 6.

Margaret S. Archer, *Structure, Agency and the Internal Conversation*, Cambridge:

Cambridge University Press, 2003.

George Herbert Mead, *Mind, Self, and Society: From the standpoint of a social behaviorist*, Chicago: University of Chicago Press, 1934.

'I talked myself into being a winner, reveals Murray', *The Times*, 30 March 2013.

James Hardy, 'Speaking clearly: A critical review of the self-talk literature', *Psychology of Sport and Exercise*, vol. 7, pp. 81–97, 2006.

James Hardy, Craig R. Hall and Lew Hardy, 'Quantifying athlete self-talk', *Journal of Sports Sciences*, vol. 23, pp. 905–917, 2005.

Judy L. Van Raalte et al., 'Cork! The effects of positive and negative self-talk on dart throwing performance', *Journal of Sport Behavior*, vol. 18, pp. 50–57, 1995.

Michael J. Mahoney and Marshall Avener, 'Psychology of the elite athlete: An exploratory study', *Cognitive Therapy and Research*, vol. 1, pp. 135–141, 1977.

Peter McLeod, 'Visual reaction time and high-speed ball games', *Perception*, vol. 16, pp. 49–59, 1987.

Michael F. Land and Peter McLeod, 'From eye movements to actions: How batsmen hit the ball', *Nature Neuroscience*, vol. 3, pp. 1340–1345, 2000.

John McCrone, 'Shots faster than the speed of thought', *Independent*, 23 October 2011.

Frank Partnoy, *Wait: The useful art of procrastination*, London: Profile Books, 2012, chapter 2.

Adam Miles and Rich Neil, 'The use of self-talk during elite cricket batting performance', *Psychology of Sport and Exercise*, vol. 14, pp. 874–881, 2013.

Małgorzata M. Puchalska-Wasyl, 'Self-talk: Conversation with oneself? On the types of internal interlocutors', *The Journal of Psychology: Interdisciplinary and Applied*, vol. 149, pp. 443–60, 2015.

Ethan Kross et al., 'Self-talk as a regulatory mechanism: How you do it matters', *Journal of Personality and Social Psychology*, vol. 106, pp. 304–324, 2014.

Jean Piaget, *The Language and Thought of the Child* (Marjorie and Ruth Gabain, trans.), London: Kegan Paul, Trench, Trubner & Co., 1959 (original work published 1926), pp. 1–2, p. 14.

L. S. Vygotsky, Thinking and Speech, in The Collected Works of L. S. Vygotsky, Vol. 1 (Robert W. Rieber and Aaron S. Carton, eds; Norris Minick, trans.), New York: Plenum, 1987 (original work published 1934).

John H. Flavell, 'Le langage privé', *Bulletin de Psychologie*, vol. 19, pp. 698–701, 1966.

Piaget, *The Language and Thought of the Child*, p. 16.

Jean Piaget and Bärbel Inhelder, *The Child's Conception of Space* (F. J. Langdon and J. L. Lunzer, trans.), London: Routledge & Kegan Paul, 1956 (original work published 1948).

Lawrence Kohlberg, Judy Yaeger and Else Hjertholm, 'Private speech: Four studies and a review of theories', *Child Development,* vol. 39, pp. 691–736, 1968.

Adam Winsler, Charles Fernyhough, Erin M. McClaren and Erin Way, 'Private Speech Coding Manual', unpublished manuscript, George Mason University, Fairfax, VA, 2004.

L. S. Vygotsky, Mind in Society: The development of higher psychological processes (M. Cole, V. John-Steiner, S. Scribner and E. Souberman, eds), Cambridge, MA: Harvard University Press, 1978 (original work published 1930, 1933 and 1935).

Charles Fernyhough and Emma Fradley, 'Private speech on an executive task: Relations with task difficulty and task performance', *Cognitive Development*, vol. 20, pp. 103–120, 2005.

Paul P. Goudena, 'The problem of abbreviation and internalization of private speech', in R. M. Diaz and L. E. Berk (eds), *Private Speech: From social interaction to self-regulation*, Hove: Lawrence Erlbaum Associates, 1992.

A. D. Pellegrini, 'The development of preschoolers' private speech', *Journal of Pragmatics*, vol. 5, pp. 445–458, 1981.

Charles Fernyhough, 'Dialogic thinking', in Adam Winsler, Charles Fernyhough and Ignacio Montero, eds, *Private Speech, Executive Functioning, and the Development of Verbal Self-regulation*, Cambridge: Cambridge University Press, 2009.

Peter Feigenbaum, 'Development of the syntactic and discourse structures of private speech', in R. M. Diaz and L. E. Berk (eds), *Private Speech: From social interaction to self-regulation*, Hove: Lawrence Erlbaum Associates, 1992.

Robert M. Duncan and J. Allan Cheyne, 'Private speech in young adults: Task difficulty, self-regulation, and psychological predication', *Cognitive Development,* vol. 16, pp. 889–906, 2002.

Alan D. Baddeley, 'Working memory', *Science*, vol. 255, pp. 556–559, 1992.

Alan D. Baddeley, 'Short-term memory for word sequences as a function of acoustic, semantic and formal similarity', *Quarterly Journal of Experimental Psychology*, vol. 18, pp. 362–365, 1966.

Sue Palmer, 'Working memory: A developmental study of phonological recoding', *Memory,* vol. 8, pp. 179–193, 2000.

Christopher Jarrold and Rebecca Citroën, 'Reevaluating key evidence for the development of rehearsal: Phonological similarity effects in children are subject to proportional scaling artifacts', *Developmental Psychology*, vol. 49, pp. 837–847, 2013.

Abdulrahman S. Al-Namlah, Charles Fernyhough and Elizabeth Meins, 'Sociocultural influences on the development of verbal mediation: Private speech and phonological recoding in Saudi Arabian and British samples', *Developmental Psychology*, vol. 42, pp. 117–131, 2006.

Jane S. M. Lidstone, Elizabeth Meins and Charles Fernyhough, 'The roles of private speech and inner speech in planning in middle childhood: Evidence from a dual task paradigm', *Journal of Experimental Child Psychology*, vol. 107, pp. 438–451, 2010.

John H. Flavell, Frances L. Green and Eleanor R. Flavell, 'Children's understanding of the stream of consciousness', *Child Development,* vol. 64, pp. 387–398, 1993.

Charles Fernyhough, 'What can we say about the inner experience of the young child? (Commentary on Carruthers)', *Behavioral and Brain Sciences*, vol. 32, pp. 143–144, 2009.

John H. Flavell, Frances L. Green, Eleanor R. Flavell and James B. Grossman, 'The development of children's knowledge about inner speech', *Child Development*, vol. 68, pp. 39–47.

Charles Fernyhough, *The Baby in the Mirror: A child's world from birth to three*, London: Granta Books, 2008.

Edward St Aubyn, *Mother's Milk*, London: Picador, 2006, p. 64.

Rodney J. Korba, 'The rate of inner speech', *Perceptual and Motor Skills*, vol. 71, pp. 1043–1052, 1990.

J. Y. Kang, 'Inner Experience of Individuals Suffering from Bipolar Disorder', unpublished master's thesis, University of Nevada, Las Vegas, 2013.

Simon McCarthy-Jones and Charles Fernyhough, 'The varieties of inner speech: Links between quality of inner speech and psychopathological variables in a sample of young adults', *Consciousness and Cognition*, vol. 20, pp. 1586–1593, 2011.

Robin Langdon, Simon R. Jones, Emily Connaughton and Charles Fernyhough, 'The phenomenology of inner speech: Comparison of schizophrenia patients with auditory verbal hallucinations and healthy controls', *Psychological Medicine*, vol. 39, pp. 655–663, 2009.

Ben Alderson-Day and Charles Fernyhough, 'More than one voice: Investigating the phenomenological properties of inner speech requires a variety of methods. Commentary on.

John B. Watson, 'Psychology as the behaviorist views it', *Psychological Review*, vol. 20, pp. 158–177, 1913, p. 174.

Scott M. Smith, Hugh O. Brown, James E. P. Toman and Louis S. Goodman, 'The lack of cerebral effects of *d*-tubocurarine', *Anesthesiology*, vol. 8, pp. 1–14, 1947.

Benjamin K. Bergen, *Louder than Words: The new science of how the mind makes meaning*, New York: Basic Books, 2012.

Ruth Filik and Emma Barber, 'Inner speech during silent reading reflects the reader's regional accent', *PLoS ONE*, vol. 6, e25782, 2011.

Charles Fernyhough, 'Life in the chatterbox', *New Scientist*, 1 June 2013.

Ben Alderson-Day and Charles Fernyhough, 'Inner speech: Development, cognitive functions, phenomenology, and neurobiology', *Psychological Bulletin*, vol. 141, pp. 931–965, 2015.

R. Netsell and E. Ashley, 'The rate of inner speech in persons who stutter', *Proceedings of the International Motor Speech Conference*, 2010.

Gary M. Oppenheim and Gary S. Dell, 'Inner speech slips exhibit lexical bias, but not the phonemic similarity effect', *Cognition*, vol. 106, pp. 528–537, 2008.

Martin Corley, Paul H. Brocklehurst and H. Susannah Moat, 'Error biases in inner and overt speech: Evidence from tongue twisters', *Journal of Experimental Psychology: Learning, Memory, and Cognition*, vol. 37, pp. 162–715, 2011.

Gary M. Oppenheim and Gary S. Dell, 'Motor movement matters: The flexible abstractness of inner speech', *Memory & Cognition*, vol. 38, pp. 1147–1160, 2010.

Ben Alderson-Day, Susanne Weis, Simon McCarthy-Jones, Peter Moseley, David Smailes and Charles Fernyhough, 'The brain's conversation with itself: Neural substrates of dialogic inner speech', *Social Cognitive & Affective Neuroscience*, vol. 11, pp. 110–120, 2016.

Saint Augustine of Hippo, *The Confessions* (Maria Boulding, trans.), Hyde Park,

NY: New City Press, 1997, book 6, chapter 3, pp. 133–134.

Mary Carruthers, *The Book of Memory: A study of memory in medieval culture* (2nd ed.), Cambridge: Cambridge University Press, 2008, p. 213, n. 63.

St Augustine, *The Confessions*, book 8, chapter 12, p. 224.

Alberto Manguel, *A History of Reading*, London: Flamingo, 1997; A. K. Gavrilov, 'Techniques of reading in classical antiquity', *The Classical Quarterly*, vol. 47, pp. 56–73, 1997.

M. F. Burnyeat, 'Postscript on silent reading', *The Classical Quarterly*, vol. 47, pp. 74–6, 1997; James Fenton, 'Read My Lips', *Guardian*, 29 July 2006.

Sara Maitland, *A Book of Silence*, London: Granta, 2008, p. 151.

Edmund Burke Huey, *The Psychology and Pedagogy of Reading*, New York: Macmillan, pp. 117–123, 1908.

Marianne Abramson and Stephen D. Goldinger, 'What the reader's eye tells the mind's ear: Silent reading activates inner speech', *Perception & Psychophysics*, vol. 59, pp. 1059–1068, 1997.

H. B. Reed, 'The existence and function of inner speech in thought processes', *Journal of Experimental Psychology*, vol. 1, pp. 365–392, 1916.

W. D. A. Beggs and Philippa N. Howarth, 'Inner speech as a learned skill', *Journal of Experimental Child Psychology*, vol. 39, pp. 396–411, 1985.

Huey, *The Psychology and Pedagogy of Reading*, p. 122.

David N. Levine, Ronald Calvanio and Alice Popovics, 'Language in the absence of inner speech', *Neuropsychologia*, vol. 20, pp. 391–409, 1982.

Brianna M. Eiter and Albrecht W. Inhoff, 'Visual word recognition during reading is followed by subvocal articulation', *Journal of Experimental Psychology: Learning, Memory, and Cognition*, vol. 36, pp. 457–470, 2010.

Jessica D. Alexander and Lynne C. Nygaard, 'Reading voices and hearing text: Talker-specific auditory imagery in reading', *Journal of Experimental Psychology: Human Perception and Performance*, vol. 34, p. 446–459, 2008.

Adam Phillips, *Promises, Promises: Essays on psychoanalysis and literature*,

London: Faber & Faber, 2000, p. 373.

Dorrit Cohn, *Transparent Minds: Narrative modes for presenting consciousness in fiction*, Princeton, NJ: Princeton University Press, 1978.

Ruvanee P. Vilhauer, 'Inner reading voices: An overlooked form of inner speech', *Psychosis*, in press.

Ben Alderson-Day, Marco Bernini and Charles Fernyhough, 'Uncharted features and dynamics of reading: Voices, characters, and crossing of experiences', manuscript under review.

Elizabeth Wade and Herbert H. Clark, 'Reproduction and demonstration in quotations', *Journal of Memory and Language*, vol. 32, pp. 805–19, 1993.

Bo Yao, Pascal Belin and Christoph Scheepers, 'Silent reading of direct versus indirect speech activates voice-selective areas in the auditory cortex', *Journal of Cognitive Neuroscience*, vol. 23, pp. 3146–52, 2011.

Bo Yao and Christoph Scheepers, 'Contextual modulation of reading rate for direct versus indirect speech quotations', *Cognition*, vol. 121, pp. 447–453, 2011.

Bo Yao, Pascal Belin and Christoph Scheepers, 'Brain "talks over" boring quotes: Top-down activation of voice-selective areas while listening to monotonous direct speech quotations', *NeuroImage*, vol. 60, pp. 1832–1842, 2012.

Christopher I. Petkov and Pascal Belin, 'Silent reading: Does the brain "hear" both speech and voices?', *Current Biology*, vol. 23, R155–156, 2013.

Christopher A. Kurby, Joseph P. Magliano and David N. Rapp, 'Those voices in your head: Activation of auditory images during reading', *Cognition*, vol. 112, pp. 457–461, 2009.

Danielle N. Gunraj and Celia M. Klin, 'Hearing story characters' voices: Auditory imagery during reading', *Discourse Processes*, vol. 49, pp. 137–153, 2012.

Alderson-Day, Bernini and Fernyhough, 'Uncharted features and dynamics of reading'.

Gustave Flaubert, *Madame Bovary*, Alan Russell, trans., Harmondsworth:

Penguin, 1950, p. 175.

Patrick Ness, *The Knife of Never Letting Go*, London: Walker Books, 2008, p. 42.

Aamer Hussein, *Another Gulmohar Tree*, London: Telegram Books, 2009, p. 58.

Aamer Hussein interviewed on BBC World Service, *The Forum*, 19 August 2013.

Letter to H. S. Weaver, 11 July 1924, *Letters of James Joyce* (Richard Ellmann, ed.), vol. III, London: Faber & Faber, 1966, p. 99.

Cormac McCarthy, *The Road*, London: Picador, 2009, pp. 25–26.

James Joyce, *Ulysses*, Harmondsworth: Penguin, 1986, p. 46.

Geoffrey Chaucer, *The Book of the Duchess*, lines 503–506, in *The Riverside Chaucer*, Oxford: Oxford University Press, 2008, p. 336.

Daniel Defoe, *Robinson Crusoe*, Harmondsworth: Penguin, 1994, p. 135.

Patricia Waugh, 'The novelist as voice-hearer', *The Lancet*, vol. 386, e54–e55, 2015.

Charlotte Brontë, *Jane Eyre*, Harmondsworth: Penguin, 1966, p. 118.

Jeremy Hawthorn, 'Formal and social issues in the study of interior dialogue: The case of *Jane Eyre*', in Jeremy Hawthorn, ed., *Narrative: From Malory to motion pictures*, London: Edward Arnold, 1985, pp. 87–99.

'David Mitchell' in John Freeman, *How to Read a Novelist: Conversations with writers*, London: Constable & Robinson, 2013, p. 200.

Samuel Beckett, *The Unnamable*, in *The Beckett Trilogy*, London: Picador, 1979.

Letter from Samuel Beckett to Georges Duthuit (April–May 1949), *The Letters of Samuel Beckett, Volume 2: 1941–1956*, Cambridge: Cambridge University Press, 2011, p. 149.

Marco Bernini, 'Reading a brain listening to itself: Voices, inner speech and auditory-verbal hallucinations', in *Beckett and the Cognitive Method: Mind, models, and exploratory narratives*, under revision.

Marco Bernini, 'Samuel Beckett's articulation of unceasing inner speech', *Guardian*, 19 August 2014.

Marco Bernini, 'Gression, regression, and beyond: A cognitive reading of

The Unnamable', in David Tucker, Mark Nixon and Dirk Van Hulle (eds), Revisiting Molloy, Malone Meurt/Malone Dies and L'Innommable/The Unnamable, Samuel Beckett Today/Aujourd'hui, vol. 26, Amsterdam: Rodopi, 2014, pp. 193–210.

Jerome Bruner, 'Life as narrative', Social Research, vol. 71, pp. 691–710, 2004.

Charles Fernyhough, 'Dialogic thinking', in Adam Winsler, Charles Fernyhough and Ignacio Montero, eds, Private speech, executive functioning, and the development of verbal self-regulation, Cambridge: Cambridge University Press, 2009.

Charles Fernyhough, 'The dialogic mind: A dialogic approach to the higher mental functions', New Ideas in Psychology, vol. 14, pp. 47–62, 1996.

Charles Fernyhough, 'Getting Vygotskian about theory of mind: Mediation, dialogue, and the development of social understanding', Developmental Review, vol. 28, pp. 225–262, 2008.

M. M. Bakhtin, Problems of Dostoevsky's Poetics (C. Emerson, trans. and ed.), Minneapolis: University of Minnesota Press, 1984.

M. M. Bakhtin, Speech Genres and Other Late Essays (C. Emerson and M. Holquist, eds; V. W. McGee, trans.), Austin: University of Texas Press, 1986.

Michael Holquist, Dialogism: Bakhtin and his world, London: Routledge, 1990.

Michael Holquist, 'Answering as authoring: Mikhail Bakhtin's trans-linguistics', Critical Inquiry, vol. 10, pp. 307–319, 1983.

Fernyhough, 'Getting Vygotskian about theory of mind', p. 242.

Ben Alderson-Day and Charles Fernyhough, 'Inner speech: Development, cognitive functions, phenomenology, and neurobiology', Psychological Bulletin, vol. 141, pp. 931–965, 2015.

Vincent van Gogh, The Complete Letters of Vincent van Gogh, Volumes 1–3 (2nd ed.), London: Thames & Hudson, 1978. The letters quoted are Letter 221 (31 July 1882), Letter 228 (3 September 1882), Letter 289 (c. 5 June 1883), Letter 291 (c. 7 June 1883) and Letter 293 (15 June 1883).

Joshua Wolf Shenk, *Powers of Two: Finding the essence of innovation in creative pairs*, Boston: Houghton Mifflin Harcourt, 2014, pp. xvii and 70.

Laura E. Berk, 'Children's private speech: An overview of theory and the status of research', in R. M. Diaz and L. E. Berk, eds, *Private speech: From social interaction to self-regulation*, Hove: Lawrence Erlbaum Associates, 1992.

Mihaly Csikszentmihalyi, *Creativity: Flow and the psychology of discovery*, New York: HarperCollins, 2009, p. 25.

Karl Duncker, 'On problem-solving', *Psychological Monographs*, vol. 58, no. 5, Whole No. 270

van Gogh, *Letters*, vol. 1, Letter 133, July 1880.

Martha Daugherty, C. Stephen White and Brenda H. Manning, 'Relationships among private speech and creativity in young children', *Gifted Child Quarterly*, vol. 38, pp. 21–26, 1994.

Virginia Woolf, *A Writer's Diary: Being extracts from the diary of Virginia Woolf* (Leonard Woolf, ed.), New York: Harcourt Brace Jovanovich, 1953, pp. 292–293.

Daniel C. Dennett, 'How to do other things with words', *Philosophy*, suppl. 42, 1997, p. 232.

Ibrahim Senay, Dolores Albarracín and Kenji Noguchi, 'Motivating goal-directed behavior through introspective self-talk: The role of the interrogative form of simple future tense', *Psychological Science*, vol. 21, pp. 499–504, 2010.

Linda Hermer-Vazquez and Elizabeth S. Spelke, 'Sources of flexibility in human cognition: Dual-task studies of space and language', *Cognitive Psychology*, vol. 39, pp. 3–36, 1999.

Gary Lupyan and Daniel Swingley, 'Self-directed speech affects visual search performance', *Quarterly Journal of Experimental Psychology*, vol. 65, pp. 1068–1085, 2012.

Gary Lupyan, 'Extracommunicative functions of language: Verbal interference causes selective categorization impairments', *Psychonomic Bulletin & Review*, vol. 16, pp. 711–718, 2009.

Benjamin Lee Whorf, *Language, Thought and Reality*, Cambridge, MA: MIT Press, 1956.

Peter Carruthers, 'The cognitive functions of language', *Behavioral and Brain Sciences*, vol. 25, pp. 657–726, 2002.

Simon McCarthy-Jones, Joel Krueger, Frank Larøi, Matthew Broome and Charles Fernyhough, 'Stop, look, listen: The need for philosophical phenomenological perspectives on auditory verbal hallucinations', *Frontiers in Human Neuroscience*, vol. 7, article 127, 2013.

Nathan Filer, *The Shock of the Fall*, London: HarperCollins, 2013, p. 67.

Bernice A. Pescosolido et al., ' "A disease like any other"？A decade of change in public reactions to schizophrenia, depression, and alcohol dependence', *American Journal of Psychiatry*, vol. 167, pp. 1321–30, 2010.

Bleuler's 1911 *Dementia Praecox or the Group of Schizophrenias*, New York: International Universities Press, 1950.

Kurt Schneider, *Clinical Psychopathology*, New York: Grune & Stratton, 1959.

Roy Grinker, quoted in Roy Richard Grinker, 'The five lives of the psychiatry manual', *Nature*, vol. 468, pp. 168–170, 2010.

Thomas Szasz, *Schizophrenia: The sacred symbol of psychiatry*, New York: Basic Books, 1976.

Richard P. Bentall, 'The search for elusive structure: A promiscuous realist case for researching specific psychotic experiences such as hallucinations', *Schizophrenia Bulletin*, vol. 40, suppl. no. 4, pp. S198–S201, 2014.

J. Arnedo et al., 'Uncovering the hidden risk architecture of the schizophrenias: Confirmation in three independent genome-wide association studies', *American Journal of Psychiatry*, vol. 172, 139–153, 2015.

American Psychiatric Association, *Diagnostic and Statistical Manual of Mental Disorders* (5th ed.), Arlington, VA: American Psychiatric Association, 2013.

Frank Larøi et al., 'The phenomenological features of auditory verbal hallucinations in schizophrenia and across clinical disorders: A state-of-the-art overview and critical evaluation', *Schizophrenia Bulletin,* vol. 38, pp. 724–733, 2012.

Charles Fernyhough, 'Hearing the voice', *The Lancet*, vol. 384, pp. 1090–1091, 2014.

H. Sidgwick, A. Johnson, F. Myers, F. Podmore and E. Sidgwick, 'Report of the census of hallucinations', *Proceedings of the Society for Psychical Research*, vol. 26, 259–394, 1894.

Simon R. Jones, Charles Fernyhough and David Meads, 'In a dark time: Development, validation, and correlates of the Durham Hypnagogic and Hypnopompic Hallucinations Questionnaire', *Personality and Individual Differences,* vol. 46, pp. 30–34, 2009.

Simon McCarthy-Jones, Hearing Voices: The histories, causes and meanings of auditory verbal hallucinations, Cambridge: Cambridge University Press, 2012.

Vanessa Beavan, John Read and Claire Cartwright, 'The prevalence of voice-hearers in the general population: A literature review', *Journal of Mental Health*, vol. 20, pp. 281–292, 2011.

Ruvanee P. Vilhauer, 'Depictions of auditory verbal hallucinations in news media', *International Journal of Social Psychiatry*, vol. 61, pp. 58–63, 2015.

Otto F. Wahl, 'Stigma as a barrier to recovery from mental illness', *Trends in Cognitive Sciences*, vol. 16, pp. 8–10, 2012.

Interview with Adam on BBC Radio 4's *Saturday Live* programme, 2 March 2013.

Simon R. Jones, 'Re-expanding the phenomenology of hallucinations: Lessons from sixteenth-century Spain', *Mental Health, Religion & Culture*, vol. 13, pp. 187–208, 2010.

Thomas Aquinas, *Summa Theologica*, London: Burns, Oates & Washbourne Ltd., vol. 14, 1a, 107.1, 1927.

Henry Maudsley, *Natural Causes and Supernatural Seemings*, London: Kegan Paul, Trench & Co., 1886, p. 184.

Irwin Feinberg, 'Efference copy and corollary discharge: Implications for thinking and its disorders', *Schizophrenia Bulletin*, vol. 4, pp. 636–40, 1978.

Christopher D. Frith, *The Cognitive Neuropsychology of Schizophrenia*, Hove: Lawrence Erlbaum Associates, 1992.

Christopher D. Frith and D. John Done, 'Experiences of alien control in schizophrenia reflect a disorder in the central monitoring of action', *Psychological Medicine*, vol. 19, pp. 359–63, 1989.

Richard P. Bentall, 'The illusion of reality: A review and integration of psychological research on hallucinations', *Psychological Bulletin*, vol. 107, pp. 82–95, 1990.

Richard P. Bentall, Madness Explained: Psychosis and human nature, London: Allen Lane, 2003.

M. L. Brookwell, R. P. Bentall and F. Varese, 'Externalizing biases and hallucinations in source-monitoring, self-monitoring and signal detection studies: A meta-analytic review', *Psychological Medicine*, vol. 43, pp. 2465–2475, 2013.

Louise C. Johns et al., 'Verbal self-monitoring and auditory verbal hallucinations in patients with schizophrenia', *Psychological Medicine*, vol. 31, pp. 705–715, 2001.

Louis N. Gould, 'Verbal hallucinations and activity of vocal musculature: An electromyographic study', *American Journal of Psychiatry*, vol. 105, pp. 367–372, 1948.

Louis N. Gould, 'Verbal hallucinations as automatic speech:The reactivation of dormant speech habit', American Journal of Psychiatry, vol. 107, pp. 110–119, 1950.

Paul Green and Martin Preston, 'Reinforcement of vocal correlates of auditory hallucinations by auditory feedback: A case study', *British Journal of Psychiatry*, vol. 139, pp. 204–208, 1981.

Peter A. Bick and Marcel Kinsbourne, 'Auditory hallucinations and subvocal speech in schizophrenic patients', *American Journal of Psychiatry*, vol. 144, pp. 222–225, 1987.

James Gleick, *Genius: Richard Feynman and modern physics*, London: Little, Brown, 1992, p. 224.

Aaron T. Beck and Neil A. Rector, 'A cognitive model of hallucinations', *Cognitive Therapy and Research*, vol. 27, pp. 19–52, 2003.

Ivan Leudar and Philip Thomas, *Voices of Reason, Voices of Insanity: Studies of verbal hallucinations*, London: Routledge, 2000.

Charles Fernyhough and Simon McCarthy-Jones, 'Thinking aloud about mental voices', in F. Macpherson and D. Platchias, eds, *Hallucination*, Cambridge, MA: MIT Press, 2013.

Paolo de Sousa, William Sellwood, Amy Spray, Charles Fernyhough and Richard Bentall, 'Inner speech and clarity of self-concept in thought disorder', manuscript under review.

Shaun Gallagher, 'Neurocognitive models of schizophrenia: A neuro-phenomenological critique', *Psychopathology*, vol. 37, pp. 8–19, 2004.

Steffen Moritz and Frank Larøi, 'Differences and similarities in the sensory and cognitive signatures of voice-hearing, intrusions and thoughts', *Schizophrenia Research*, vol. 102, pp. 96–107, 2008.

Andrea Raballo and Frank Larøi, 'Murmurs of thought: Phenomenology of hallucinatory consciousness in impending psychosis', *Psychosis*, vol. 3, pp. 163–6, 2011.

Emil Kraepelin, *Dementia Praecox and Paraphrenia*, Chicago: Chicago Medical Book Co., 1919 (original work published 1896).

Homer, *The Iliad* (Martin Hammond, trans.), Harmondsworth: Penguin, 1987.

Homer, *The Odyssey* (Robert Fitzgerald, trans.), London: Harvill, 1996.

Julian Jaynes, *The Origin of Consciousness in the Breakdown of the Bicameral Mind*, Harmondsworth: Penguin, 1993, p. 272.

Iain McGilchrist, *The Master and His Emissary: The divided brain and the making of the Western world*, New Haven and London: Yale University Press, 2009.

George Stein, 'The voices that Ezekiel hears', *British Journal of Psychiatry*, vol. 196, p. 101, 2010.

Christopher C. H. Cook, 'The prophet Samuel, hypnagogic hallucinations and the voice of God', *British Journal of Psychiatry*, vol. 203, p. 380, 2013.

Margery Kempe, *The Book of Margery Kempe* (B. A. Windeatt, trans.), Harmondsworth: Penguin, 1985.

Grace M. Jantzen, *Julian of Norwich: Mystic and theologian*, London: SPCK, 1987.

Julian of Norwich, *Revelations of Divine Love* (Elizabeth Spearing, trans.), Harmondsworth: Penguin, 1998.

David Lawton, 'English literary voices, 1350–1500', in *The Cambridge Companion to Medieval English Culture* (Andrew Galloway, ed.), Cambridge: Cambridge University Press, 2011.

Julian of Norwich, *Revelations of Divine Love*, Short Text, chapter 4, p. 7.

St Augustine, *De Genesi ad litteram* [On the Literal Interpretation of Genesis] (Edmund Hill, trans.), book XII, in *On Genesis (The Works of St Augustine: A Translation for the 21st Century)*, New York: New City Press, 2002.

Procès de Condamnation de Jeanne d'Arc, Tome Premier, édité par La Société de L'Histoire de France (Pierre Tisset, ed.), Paris: Librairie C. Klincksieck, 1960, p. 84.

Giuseppe d'Orsi and Paolo Tinuper, ' "I heard voices ⋯" : From semiology, a historical review, and a new hypothesis on the presumed epilepsy of Joan of Arc', *Epilepsy & Behavior*, vol. 9, pp. 152–157, 2006.

Corinne Saunders, 'Voices and visions: Mind, body and affect in medieval writing', in A. Whitehead, A. Woods, S. Atkinson, J. Macnaughton and J. Richards, eds, *The Edinburgh Companion to the Critical Medical Humanities*, Edinburgh: Edinburgh University Press, 2016.

Barry Windeatt, 'Reading and re-reading *The Book of Margery Kempe*', in John H. Arnold and Katherine J. Lewis, *A Companion to the Book of Margery Kempe*, Cambridge: D. S. Brewer, 2004

Julian of Norwich, *Revelations of Divine Love*, Long Text, chapter 69, p. 155–156.

Barry Windeatt, 'Shown voices: Voices as vision in some English mystics', paper presented at *Visions, Voices and Hallucinatory Experiences in Historical and Literary* Contexts, St Chad's College, Durham, April 2014.

Corinne Saunders and Charles Fernyhough, 'Reading Margery Kempe's inner voices', paper presented at Medicine of Words: Literature, Medicine, and Theology in the Middle Ages, St Anne's College, Oxford, September 2015.

Simon Kemp, *Medieval Psychology*, New York: Greenwood Press, 1990.

Corinne Saunders and Charles Fernyhough, 'Medieval psychology', *The Psychologist*, forthcoming.

Robert E. Hall, 'Intellect, soul and body in Ibn S ī n ā : Systematic synthesis and development of the Aristotelian, Neoplatonic and Galenic theories', in *Interpreting Avicenna: Science and philosophy in Medieval Islam* (Jon McGinnis, ed.), Leiden: Brill, 2004.

Corinne Saunders, ' "The thoghtful maladie" : Madness and vision in medieval writing', in Corinne Saunders and Jane Macnaughton, eds, *Madness and Creativity in Literature and Culture,* Basingstoke: Palgrave Macmillan, 2005.

St Thomas Aquinas, *Summa Theologica*, London: Burns, Oates & Washbourne Ltd., vol. 14, 1a, 111.3, 1927.

Jean-Étienne Esquirol, *Mental Maladies: A treatise on insanity* (E. K. Hunt, trans.), Philadelphia: Lea and Blanchard, 1845.

German E. Berrios, *The History of Mental Symptoms: Descriptive psychopathology since the nineteenth century*, Cambridge: Cambridge University Press, 1996, p. 37.

Oliver Sacks, *Hallucinations*, London: Picador, 2012, p. x, p. 197.

René Descartes, *Meditations on First Philosophy* (Michael Moriarty, trans.),

Oxford: Oxford University Press, 2008 (original work published 1641); Daniel C. Dennett, *Consciousness Explained*, London: Penguin, 1993.

Wilder Penfield and Phanor Perot, 'The brain's record of auditory and visual experience', *Brain*, vol. 86, pp. 595–696, 1963.

Simone Kühn and Jürgen Gallinat, 'Quantitative meta-analysis on state and trait aspects of auditory verbal hallucinations in schizophrenia', Schizophrenia Bulletin, vol. 38, pp. 779–786, 2012.

Renaud Jardri, Alexandre Pouchet, Delphine Pins and Pierre Thomas, 'Cortical activations during auditory verbal hallucinations in schizophrenia: A coordinate-based meta-analysis', *American Journal of Psychiatry*, vol. 168, pp. 73–81, 2011.

Sukhwinder S. Shergill et al., 'Temporal course of auditory hallucinations', *British Journal of Psychiatry*, vol. 185, pp. 516–57, 2004.

S. S. Shergill et al., 'A functional study of auditory verbal imagery', *Psychological Medicine*, vol. 31, pp. 241–253, 2001.

Remko van Lutterveld, Kelly M. J. Diederen, Sanne Koops, Marieke J. H. Begemann and Iris E. C. Sommer, 'The influence of stimulus detection on activation patterns during auditory hallucinations', *Schizophrenia Research*, vol. 145, pp. 27–32, 2013.

Kelly M. J. Diederen et al., 'Auditory hallucinations elicit similar brain activation in psychotic and nonpsychotic individuals', *Schizophrenia Bulletin*, vol. 38, pp. 1074–1082, 2012.

David E. J. Linden, Katy Thornton, Carissa N. Kuswanto, Stephen J. Johnston, Vincent van de Ven and Michael C. Jackson, 'The brain's voices: Comparing nonclinical auditory hallucinations and imagery', *Cerebral Cortex*, vol. 21, pp. 330–37, 2011.

Tuukka T. Raij and Tapani J. J. Riekki, 'Poor supplementary motor area activation differentiates auditory verbal hallucination from imagining the hallucination', *NeuroImage: Clinical*, vol. 1, pp. 75–80, 2012.

Daniel B. Smith, *Muses, Madmen, and Prophets: Rethinking the history, science, and meaning of auditory hallucination*, New York: Penguin, 2007, p. 35.

Judith M. Ford and Daniel H. Mathalon, 'Electrophysiological evidence of corollary discharge dysfunction in schizophrenia during talking and thinking', *Journal of Psychiatric Research*, vol. 38, pp. 37–46, 2004.

T. J. Whitford et al., 'Electrophysiological and diffusion tensor imaging evidence of delayed corollary discharges in patients with schizophrenia', *Psychological Medicine*, vol. 41, pp. 959–969, 2011.

Claudia J. P. Simons et al., 'Functional magnetic resonance imaging of inner speech in schizophrenia', *Biological Psychiatry*, vol. 67, pp. 232–237, 2011.

Debra A. Gusnard and Marcus E. Raichle, 'Searching for a baseline: Functional imaging and the resting human brain', *Nature Reviews Neuroscience*, vol. 2, pp. 685–694, 2001.

Russell T. Hurlburt, Ben Alderson-Day, Charles Fernyhough and Simone Kühn, 'What goes on in the resting state? A qualitative glimpse into resting-state experience in the scanner', *Frontiers in Psychology: Cognitive Science,* vol. 6, article 1535, 2015.

Ben Alderson-Day, Simon McCarthy-Jones and Charles Fernyhough, 'Hearing voices in the resting brain: A review of intrinsic functional connectivity research on auditory verbal hallucinations', *Neuroscience & Biobehavioral Reviews*, vol. 55, pp. 78–87, 2015.

Christina W. Slotema, Jan D. Blom, Remko van Lutterveld, Hans W. Hoek and Iris E. C. Sommer, 'Review of the efficacy of transcranial magnetic stimulation for auditory verbal hallucinations', *Biological Psychiatry,* vol. 76, pp. 101–110, 2014.

Peter Moseley, Charles Fernyhough and Amanda Ellison, 'The role of the superior temporal lobe in auditory false perceptions: A transcranial direct current stimulation study', *Neuropsychologia,* vol. 62, pp. 202–208, 2014.

Kelly M. J. Diederen et al., 'Deactivation of the parahippocampal gyrus preceding auditory hallucinations in schizophrenia', *American Journal of Psychiatry*, vol. 167, pp. 427–435, 2010.

Iris E. C. Sommer et al., 'Auditory verbal hallucinations predominantly activate the *right* inferior frontal area', *Brain*, vol. 131, pp. 3169–3177, 2008.

Iris E. C. Sommer and Kelly M. Diederen, 'Language production in the non-dominant hemisphere as a potential source of auditory verbal hallucinations', *Brain*, vol. 132, pp. 1–2, 2009.

Veronique Greenwood, 'Consciousness began when the gods stopped speaking', *Nautilus*, issue 204

Sarah-Jayne Blakemore, Daniel M. Wolpert and Chris D. Frith, 'Central cancellation of self-produced tickle sensation', *Nature Neuroscience*, 1, pp. 635–640, 1998.

Thomas O'Reilly, Robin Dunbar and Richard Bentall, 'Schizotypy and creativity: An evolutionary connection?', *Personality and Individual Differences*, vol. 31, pp. 1067–1078, 2001.

Mark A. Runco, 'Creativity', *Annual Review of Psychology*, vol. 55, pp. 657–687, 2004.

Peter Garratt, 'Hearing voices allowed Charles Dickens to create extraordinary fictional worlds', *Guardian*, 22 August 2014.

John Forster, *The Life of Charles Dickens*, vol. 2, London: J. M. Dent, 1966, p. 270.

James T. Fields, 'Some memories of Charles Dickens', *The Atlantic*, August 1870.

Joseph Conrad, letter to William Blackwood, 22 August 1899, in Frederick R. Karl and Laurence Davies, eds, *The Collected Letters of Joseph Conrad*, vol. 2, 1898–1902, Cambridge: Cambridge University Press, 1986, pp. 193–194.

Virginia Woolf, *To the Lighthouse*, London: Grafton, 1977 (original work published 1927), p. 62.

Virginia Woolf, 'A Sketch of the Past', in *Moments of Being: Autobiographical writings* (Jeanne Schulkind, ed.), London: Pimlico, 2002, p. 129.

Hermione Lee, *Virginia Woolf*, London: Chatto & Windus, 1996, p. 756.

Leonard Woolf, 'Virginia Woolf: Writer and personality', in *Virginia Woolf: Interviews and recollections* (J. H. Stape, ed.), Iowa City: University of Iowa Press, 1995; Woolf, 'Sketch of the Past', p. 93.

Hilary Mantel, *Beyond Black*, London: Fourth Estate, 2005.

Patricia Waugh, 'Hilary Mantel and Virginia Woolf on the sounds in writers' minds', *Guardian*, 21 August 2014.

Hilary Mantel, 'Ink in the Blood', *London Review of Books*, 4 November 2010.

'A Kind of Alchemy', Hilary Mantel interviewed by Sarah O'Reilly, in Hilary Mantel, *Beyond Black*, London: Fourth Estate, 2010, addendum to the paperback edition, p. 8. 180.

Charles Platt, 'The voices in Philip K. Dick's head', *New York Times*, 16 December 2011.

Philip K. Dick, *The Exegesis of Philip K. Dick* (Pamela Jackson, Jonathan Lethem and Erik Davis, eds), Boston: Houghton Mifflin Harcourt, 2011.

Ray Bradbury, The Art of Fiction No. 203, *The Paris Review*, no. 192, Spring 2010.

Siri Hustvedt, *The Shaking Woman or a History of Nerves*, London: Sceptre, 2010, p. 68.

Daniel B. Smith, *Muses, Madmen, and Prophets: Rethinking the history, science, and meaning of auditory hallucination*, New York: Penguin, 2007, chapter 7.

Eric R. Dodds, *The Greeks and the Irrational*, London: University of California Press, 1951.

Jennifer Hodgson, 'How do writers find their voices?', *Guardian*, 25 August 2014.

Simone Kühn, Charles Fernyhough, Ben Alderson-Day and Russell T. Hurlburt, 'Inner experience in the scanner: Can high fidelity apprehensions of inner experience be integrated with fMRI?', *Frontiers in Psychology*, vol. 5, article 1393, 2014.

A. R. Luria, *Higher Cortical Functions in Man*, New York: Basic Books, 1966.

M. Perrone-Bertolotti, L. Rapin, J.-P. Lachaux, M. Baciu and H. Lœvenbruck, 'What is that little voice inside my head? Inner speech phenomenology, its role in cognitive performance, and its relation to self-monitoring', Behavioural Brain Research, vol. 261, pp. 220–239, 2014.

Cynthia S. Puranik and Christopher J. Lonigan, 'Early writing deficits in preschoolers with oral language difficulties', *Journal of Learning Disabilities*, vol. 45, pp. 179–190, 2012.

Giuseppe Cossu, 'The role of output speech in literacy acquisition: Evidence from congenital anarthria', *Reading and Writing: An interdisciplinary journal*, vol. 16, pp. 99–122, 2003.

James D. Williams, 'Covert linguistic behavior during writing tasks', *Written Communication*, vol. 4, pp. 310–328, 1987.

David Lodge, 'Reading yourself', in Julia Bell and Paul Magrs, eds, *The Creative Writing Coursebook*, London: Macmillan, 2001.

Louie Mayer, in Joan Russell Noble, ed., *Recollections of Virginia Woolf by Her Contemporaries*, Athens, OH: Ohio University Press, 1972.

Marjorie Taylor, *Imaginary Companions and the Children Who Create Them*, Oxford: Oxford University Press, 1999.

Lucy Firth, Ben Alderson-Day, Natalie Woods and Charles Fernyhough, 'Imaginary companions in childhood: Relations to imagination skills and autobiographical memory in adults', *Creativity Research Journal*, vol. 27, pp. 308–313, 2015.

Marjorie Taylor, Stephanie M. Carlson and Alison B. Shawber, 'Autonomy and control in children's interactions with imaginary companions', in I. Roth, ed., *Imaginative Minds: Concepts, controversies and themes*, London: OUP/British Academy, 2007.

Marjorie Taylor, Sara D. Hodges and Adèle Kohányi, 'The illusion of independent agency: Do adult fiction writers experience their characters as having minds of their own?', *Imagination, Cognition and Personality*, vol. 22, pp. 361–380, 2003.

Evan Kidd, Paul Rogers and Christine Rogers, 'The personality correlates of adults who had imaginary companions in childhood', *Psychological Reports*, vol. 107, pp. 163–172, 2010.

Taylor et al., 'The illusion of independent agency'; John Fowles, *The French Lieutenant's Woman*, London: Triad/Panther, 1977 (original work published 1969), p. 86.

Lisa Blackman, *Immaterial Bodies: Affect, embodiment, mediation*, London: Sage, 2012, chapter 6

Charles Fernyhough, *Pieces of Light: The new science of memory*, London: Profile, 2012.

Hilary Mantel, *Giving up the Ghost: A memoir*, London: Harper Perennial, 2004, p. 222.

Jeanette Winterson, *Why be Happy When You Could be Normal?* London: Jonathan Cape, 2011, p. 170.

Marius A. J. Romme and Sandra D. M. A. C. Escher, 'Hearing voices', *Schizophrenia Bulletin*, vol. 15, 209–216, 1989.

Marius Romme, Sandra Escher, Jacqui Dillon, Dirk Corstens and Mervyn Morris, eds, *Living with Voices: Fifty stories of recovery*, Ross-on-Wye: PCCS, 2009.

Dirk Corstens, Eleanor Longden, Simon McCarthy-Jones, Rachel Waddingham and Neil Thomas, 'Emerging perspectives from the Hearing Voices Movement: Implications for research and practice', *Schizophrenia Bulletin*, vol. 40, suppl. no. 4, pp. S285–S294, 2014.

Gail A. Hornstein, *Agnes's Jacket: A psychologist's search for the meaning of madness*, Emmaus, PA: Rodale Press, 2009.

Louis Jolyon West, 'A general theory of hallucinations and dreams', in L. J. West, ed., *Hallucinations*, New York: Grune & Stratton, 1962.

Simon McCarthy-Jones, Tom Trauer, Andrew Mackinnon, Eliza Sims, Neil

Thomas and David L. Copolov, 'A new phenomenological survey of auditory hallucinations: Evidence for subtypes and implications for theory and practice', *Schizophrenia Bulletin*, vol. 40, pp. 231–235, 2014.

Flavie A. Waters, Johanna C. Badcock, Patricia T. Michie and Murray T. Maybery, 'Auditory hallucinations in schizophrenia: Intrusive thoughts and forgotten memories', *Cognitive Neuropsychiatry*, vol. 11, pp. 65–83, 2006.

Richard P. Bentall, Sophie Wickham, Mark Shevlin and Filippo Varese, 'Do specific early-life adversities lead to specific symptoms of psychosis? A study from the 2007 The Adult Psychiatric Morbidity Survey', *Schizophrenia Bulletin*, vol. 38, pp. 734–740, 2012.

Pierre Janet, 'L'anesthésie systématisée et la dissociation des phénomènes psychologiques', *Revue Philosophique de la France et de l'Étranger*, T. 23, pp. 449–742, 1887.

Onno van der Hart and Rutger Horst, 'The dissociation theory of Pierre Janet', *Journal of Traumatic Stress*, vol. 2, pp. 397–412, 1989.

Marie Pilton, Filippo Varese, Katherine Berry and Sandra Bucci, 'The relationship between dissociation and voices: A systematic literature review and meta-analysis', *Clinical Psychology Review*, vol. 40, pp. 138–155, 2015.

Filippo Varese, Emma Barkus and Richard P. Bentall, 'Dissociation mediates the relationship between childhood trauma and hallucination-proneness', *Psychological Medicine*, vol. 42, pp. 1025–1036, 2012.

Ben Alderson-Day et al., 'Shot through with voices: Dissociation mediates the relationship between varieties of inner speech and auditory hallucination proneness', *Consciousness and Cognition*, vol. 27, pp. 288–296, 2014.

Simon R. Jones, 'Do we need multiple models of auditory verbal hallucinations? Examining the phenomenological fit of cognitive and neurological models', *Schizophrenia Bulletin*, vol. 36, pp. 566–575, 2010.

David Smailes, Ben Alderson-Day, Charles Fernyhough, Simon McCarthy-Jones and Guy Dodgson, 'Tailoring cognitive behavioural therapy to subtypes of voice-hearing', vol. 6, article 1933, 2015.

Dirk Corstens, Eleanor Longden and Rufus May, 'Talking with voices: Exploring what is expressed by the voices people hear', *Psychosis*, vol. 4, pp. 95–104, 2012.

Julian Leff, Geoffrey Williams, Mark A. Huckvale, Maurice Arbuthnot and Alex P. Leff, 'Computer-assisted therapy for medication-resistant auditory hallucinations: Proof-of-concept study', *British Journal of Psychiatry*, vol. 202, pp. 428–433, 2013.

Rachel Waddingham, Sandra Escher and Guy Dodgson, 'Inner speech and narrative development in children and young people who hear voices: Three perspectives on a developmental phenomenon', *Psychosis*, vol. 5, pp. 226–235, 2013.

Jacqui Dillon, 'The tale of an ordinary little girl', *Psychosis*, vol. 2, 79–83, 2010.

Eryn J. Newman, Shari R. Berkowitz, Kally J. Nelson, Maryanne Garry and Elizabeth F. Loftus, 'Attitudes about memory dampening drugs depend on context and country', *Applied Cognitive Psychology*, vol. 25, pp. 675–681, 2011.

Mark Vonnegut, The Eden Express: A memoir of insanity, New York: Praeger, 1975, p. 137.

Tore Nielsen, 'Felt presence: Paranoid delusion or hallucinatory social imagery?', Consciousness and Cognition, vol. 16, pp. 975–983, 2007.

Gillian Bennett and Kate Mary Bennett, 'The presence of the dead: An empirical study', Mortality, vol. 5, pp. 139–157, 2000.

Ben Alderson-Day and David Smailes, 'The strange world of felt presences', *Guardian*, 5 March 2015.

John Geiger, *The Third Man Factor: Surviving the impossible*, Edinburgh: Canongate, 2010

Sir Ernest Shackleton, *The Heart of the Antarctic* and *South*, Ware: Wordsworth Editions, 2007 (original work published 1919), p. 591.

Joe Simpson, *Touching the Void*, London: Jonathan Cape, 1998.

Peter Suedfeld and John Geiger, 'The sensed presence as a coping resource in extreme environments', in J. Harold Ellis (ed.), *Miracles: God, science, and psychology in the paranormal*, vol. 3, Westport, CT: Greenwood Press, 2008.

Angela Woods, Nev Jones, Ben Alderson-Day, Felicity Callard and Charles Fernyhough, 'Experiences of hearing voices: Analysis of a novel phenomenological survey', *Lancet Psychiatry*, vol. 2, pp. 323–331, 2015.

Tony H. Nayani and Anthony S. David, 'The auditory hallucination: A phenomenological survey', *Psychological Medicine*, vol. 26, pp. 177–189, 1996.

Hildegard of Bingen, *Selected Writings* (Mark Atherton, trans.), London: Penguin, 2001, p. xx

Eugen Bleuler, *Dementia Praecox or the Group of Schizophrenias*, New York: International Universities Press, 1950 (original work published 1911), p. 111.

Natalia Pedersen and René Ernst Nielsen, 'Auditory hallucinations in a deaf patient: A case report', *Case Reports in Psychiatry*, vol. 2013, article 659698, 2013.

Henry Putnam Stearns, 'Auditory hallucinations in a deaf mute', *Alienist and Neurologist*, vol. 7, pp. 318–319, 1886.

Kenneth Z. Altshuler, 'Studies of the deaf: Relevance to psychiatric theory', *American Journal of Psychiatry*, vol. 127, pp. 1521–1526, 1971.

J. Remvig, 'Deaf mutes in mental hospitals', *Acta Psychiatrica Scandinavica*, vol. 210, pp. 9–64, 1969.

Robin Paijmans, Jim Cromwell and Sally Austen, 'Do profoundly prelingually deaf patients with psychosis really hear voices?', *American Annals of the Deaf*, vol. 151, pp. 42–48, 2006.

M. du Feu and P. J. McKenna, 'Prelingually profoundly deaf schizophrenic patients who hear voices: A phenomenological analysis', *Acta Psychiatrica Scandinavica*, vol. 99, pp. 453–459, 1999.

A. J. Thacker, 'Formal communication disorder: Sign language in deaf people with schizophrenia', *British Journal of Psychiatry*, vol. 165, pp. 818–823, 1994.

Joanna R. Atkinson, 'The perceptual characteristics of voice-hallucinations in deaf people: Insights into the nature of subvocal thought and sensory feedback loops', *Schizophrenia Bulletin*, vol. 32, pp. 701–708, 2006.

Joanna R. Atkinson, Kate Gleeson, Jim Cromwell and Sue O'Rourke, 'Exploring the perceptual characteristics of voice-hallucinations in deaf people', *Cognitive Neuropsychiatry*, vol. 12, pp. 339–361, 2007.

Ursula Bellugi, Edward S. Klima and Patricia Siple, 'Remembering in signs', *Cognition*, vol. 3, pp. 93–125, 1975.

Mairéad MacSweeney et al., 'Neural systems underlying British Sign Language and audio-visual English processing in native users', *Brain*, vol. 125, pp. 1583–1593, 2002.

P. K. McGuire et al., 'Neural correlates of thinking in sign language', *Neuroreport*, vol. 8, pp. 695–698, 1997.

Amanda L. Woodward, 'Infants selectively encode the goal object of an actor's reach', *Cognition*, vol. 69, pp. 1–34, 1998.

Charles Fernyhough, 'Getting Vygotskian about theory of mind: Mediation, dialogue, and the development of social understanding', *Developmental Review,* vol. 28, pp. 225–262, 2008.

Ben Alderson-Day and Charles Fernyhough, 'Auditory verbal hallucinations: Social but how?', *Journal of Consciousness Studies*, in press.

W. Dewi Rees, 'The hallucinations of widowhood', *British Medical Journal*, vol. 4, pp. 37–41, 1971.

A. Grimby, 'Bereavement among elderly people: Grief reactions, post-bereavement hallucinations and quality of life', *Acta Psychiatrica Scandinavica*, vol. 87, pp. 72–80, 1993.

Pierre Janet, 'Étude sur un cas d'aboulie et d'idées fixes', *Revue Philosophique de la France et de l'Étranger*, T. 31, pp. 258–287, 1891, p. 274.

Sam Wilkinson and Vaughan Bell, 'The representation of agents in auditory verbal hallucinations', *Mind & Language*, vol. 31, pp. 104–126, 2016.

Peter Brugger, Marianne Regard and Theodor Landis, 'Unilaterally felt "presences" : The neuropsychiatry of one's invisible *Doppelgänger*', *Neuropsychiatry, Neuropsychology, and Behavioral Neurology*, vol. 9, pp. 114–122, 1996.

Shahar Arzy, Margitta Seeck, Stephanie Ortigue, Laurent Spinelli and Olaf Blanke, 'Induction of an illusory shadow person', *Nature*, vol. 443, p. 287, 2006.

Felicity Deamer, 'The pragmatics of inner speech: Reconciling theories of linguistic communication with what we know about inner speech', under review.

Denise Riley, ' "A voice without a mouth" : Inner speech', in Denise Riley and Jean-Jacques Lecercle, *The Force of Language*, London: Palgrave Macmillan, 2004, p. 8.

Russell T. Hurlburt, Charles Fernyhough, Ben Alderson-Day and Simone Kühn, 'Exploring the ecological validity of thinking on demand: Neural correlates of elicited vs. spontaneously occurring inner speech', *PLOS ONE*, vol. 11, article e0147932, 2016.

Simon R. Jones and Charles Fernyhough, 'Neural correlates of inner speech and auditory verbal hallucinations: A critical review and theoretical integration', *Clinical Psychology Review,* vol. 27, pp. 140–154, 2007.

Ben Alderson-Day and Charles Fernyhough, 'Inner speech: Development, cognitive functions, phenomenology, and neurobiology', *Psychological Bulletin*, vol. 141, pp. 931–965, 2015.

Marcia K. Johnson, 'Memory and reality', *American Psychologist*, vol. 61, pp. 760–771, 2006.

Jon S. Simons, Richard N. A. Henson, Sam J. Gilbert and Paul C. Fletcher,

'Separable forms of reality monitoring supported by anterior prefrontal cortex', *Journal of Cognitive Neuroscience*, vol. 20, pp. 447–457, 2008.

Marie Buda, Alex Fornito, Zara M. Bergström and Jon S. Simons, 'A specific brain structural basis for individual differences in reality monitoring', *Journal of Neuroscience,* vol. 31, pp. 14308–14313, 2011.

Jane Garrison, Charles Fernyhough, Simon McCarthy-Jones, Mark Haggard, The Australian Schizophrenia Research Bank and Jon S. Simons, 'Paracingulate sulcus morphology is associated with hallucinations in the human brain', *Nature Communications*, vol. 6, article 8956, 2015.

Guy Dodgson and Sue Gordon, 'Avoiding false negatives: Are some auditory hallucinations an evolved design flaw?', *Behavioural and Cognitive Psychotherapy,* vol. 37, pp. 325–334, 2009.

Guy Dodgson, Jenna Robson, Ben Alderson-Day, Simon McCarthy-Jones and Charles Fernyhough, *Tailoring CBT to Subtypes of Voice-hearing,* unpublished manual, 2014.

Kenneth Hugdahl, ' "Hearing voices" : Auditory hallucinations as failure of top-down control of bottom-up perceptual processes', *Scandinavian Journal of Psychology*, vol. 50, pp. 553–560, 2009.

Christine Cooper-Rompato, 'The talking breast pump', *Western Folklore*, vol. 72, pp. 181–209, 2013.

Frank Larøi et al., 'Culture and hallucinations: Overview and future directions', *Schizophrenia Bulletin*, vol. 40, suppl. no. 4, pp. S213–S220, 2014.

Tanya M. Luhrmann, R. Padmavati, H. Tharoor and A. Osei, 'Differences in voice-hearing experiences of people with psychosis in the U.S.A., India and Ghana: Interview-based study', *British Journal of Psychiatry*, vol. 206, pp. 41–44, 2015.

Boris Eikhenbaum, 'Problems of film stylistics', *Screen*, vol. 15, pp. 7–32, 1974.

Norbert Wiley, *Inner speech and the dialogical self*, Philadelphia, PA: Temple University Press, 2016.

G. E. Berrios and T. R. Dening, 'Pseudohallucinations: A conceptual history', *Psychological Medicine*, vol. 26, pp. 753–763, 1996.

David Williams, Dermot M. Bowler and Christopher Jarrold, 'Inner speech is used to mediate short-term memory, but not planning, among intellectually high-functioning adults with autism spectrum disorder', *Development and Psychopathology*, vol. 24, pp. 225–239, 2012.

Russell T. Hurlburt, Francesca Happé and Uta Frith, 'Sampling the form of inner experience in three adults with Asperger syndrome', *Psychological Medicine*, vol. 24, pp. 385–395, 1994.

Marius A. J. Romme and Sandra Escher, *Making Sense of Voices: A guide for professionals working with voice hearers*, London: Mind, 2000, p. 64.

Katherine Nelson and Robyn Fivush, 'The emergence of autobiographical memory: A social cultural developmental theory', *Psychological Review*, vol. 111, pp. 486–511, 2004.

Abdulrahman S. Al-Namlah, Elizabeth Meins and Charles Fernyhough, 'Self-regulatory private speech relates to children's recall and organization of autobiographical memories', *Early Childhood Research Quarterly,* vol. 27, pp. 441–446, 2012.

Viorica Marian and Ulric Neisser, 'Language-dependent recall of autobiographical memories', *Journal of Experimental Psychology: General*, vol. 129, pp. 361–368, 2000.

Alain Morin, 'Possible links between self-awareness and inner speech: Theoretical background, underlying mechanisms, and empirical evidence', *Journal of Consciousness Studies*, vol. 12, pp. 115–134, 2005.

Alain Morin, 'Self-awareness deficits following loss of inner speech: Dr. Jill Bolte Taylor's case study', *Consciousness and Cognition*, vol. 18, pp. 524–529, 2009.

Jill Bolte Taylor, *My Stroke of Insight: A brain scientist's personal journey*, New York: Viking, 2006, pp. 75–76.

Mark B. Tappan, 'Language, culture, and moral development: A Vygotskian perspective', *Developmental Review*, vol. 17, pp. 78–100, 1997, p. 88.

Christopher Isherwood, *Christopher and His Kind*, London: Methuen, 1977, p. 17.

Susan Nolen-Hoeksema, Blair E. Wisco and Sonja Lyubomirsky, 'Rethinking rumination', *Perspectives on Psychological Science*, vol. 3, pp. 400–424, 2008.

Allan Ingram, 'In two minds: Johnson, Boswell and representations of the self', paper presented at *Le moi/The Self in the Long Eighteenth Century*, Sorbonne Nouvelle, Paris, December 2013.

Samuel Johnson, *The History of Rasselas, Prince of Abissinia* (Thomas Keymer, ed.), Oxford: Oxford University Press, 2009, p. 93.

James Boswell, *Boswell's London Journal 1762–1763* (F. A. Pottle, ed.), London: William Heinemann, 1950, p. 187.

Anonymous, *The Cloud of Unknowing* (A. C. Spearing, trans.), London: Penguin, 2001.

S. Jones, A. Guy and J. A. Ormrod, 'A Q-methodological study of hearing voices: A preliminary exploration of voice hearers' understanding of their experiences', *Psychology and Psychotherapy: Theory, Research and Practice*, vol. 76, pp. 189–209, 2003.

Sylvia Mohr, Christiane Gillieron, Laurence Borras, Pierre-Yves Brandt and Philippe Huguelet, 'The assessment of spirituality and religiousness in schizophrenia', *Journal of Nervous and Mental Disease*, vol. 195, pp. 247–253, 2007.

Sigmund Freud, 'On Narcissism: An introduction', in *The Standard Edition of the Complete Psychological Works of Sigmund Freud*, vol. 14 (James Strachey, ed.), London: The Hogarth Press, 1957.

'Gandhi's rejection of power stuns India', *The Times*, 19 May 2004, p. 11.

Richard L. Johnson, ed., *Gandhi's Experiments with Truth: Essential writings by and about Mahatma Gandhi*, Lanham MD: Lexington Books, 2006, p. 139.

Simon Dein and Roland Littlewood, 'The voice of God', *Anthropology &*

Medicine, vol. 14, pp. 213–228, 2007.

Simon Dein and Christopher C. H. Cook, 'God put a thought into my mind: The charismatic Christian experience of receiving communications from God', Mental Health, Religion & Culture, vol. 18, pp. 97–113, 2015.

Tanya Luhrmann, *When God Talks Back: Understanding the American Evangelical relationship with God*, London: Vintage, 2012, p. 233.

图书在版编目（CIP）数据

脑海中的声音：自我对话的历史与科学／（英）查尔斯·费尼霍著；
吕欣译.—上海：上海教育出版社，2019.9
ISBN 978-7-5444-9076-4

Ⅰ.①脑… Ⅱ.①查… ②吕… Ⅲ.①脑科学—研究
Ⅳ.①Q983

中国版本图书馆CIP数据核字（2019）第118461号

责任编辑　林凡凡
特约编辑　范　琳
封面设计　左左工作室

脑海中的声音：自我对话的历史与科学
Naohai zhong de Shengyin: Ziwo Duihua de Lishi yu Kexue
［英］查尔斯·费尼霍　著　吕欣　译

出版发行　上海教育出版社有限公司
官　　网　www.seph.com.cn
地　　址　上海永福路123号
邮　　编　200031
印　　刷　北京盛通印刷股份有限公司
开　　本　890×1240　1/32　印张10.5
字　　数　207千字
版　　次　2019年9月第1版
印　　次　2019年9月第1次印刷
书　　号　ISBN 978-7-5444-9076-4/B·0161
定　　价　49.00元

如发现质量问题，读者可向本社调换　电话：021-64377165